DA DONG

大董——著

一日一菜

（上）

上海书店出版社

目录

雨水

xiii

序 / 一日不作，一日不食

胡赳赳

  大董总能让我想起百丈禅师。百丈制定清规说：一日不作，一日不食。自此僧侣自力更生，于是有了丛林的共修制度。

  大董看起来是在锦衣玉食的场所，却有一颗苦修的心。苦修的一个特点是专注，人若能专注于某样事物，如鼠啮木，"但从一处用力，久自得出"（虚云语）。据说有人访问巴菲特和比尔·盖茨，用一个词总结为什么成功，他们的回答不约而同——专注。

  专注就是一场心灵越狱。如果我们要从此地而到彼地，却又插翅难逃，向往彼地之境界而不可攀——除了挖地洞，似乎别无选择。这也是电影《肖申克的救赎》之所以大受欢迎的内在原因：锲而不舍、坚韧不拔，这样的精神，原来是大众挂在嘴边却又说得行不得的啊。

  所谓专注，就是把一个课题咬住不放，直至弄懂、弄通、弄好为止。它需要对抗的是疲劳、懈怠、自我放弃的诱惑，以及精神不济的应付。因此专注这项能力并非人人可以得到。专注至少需要两项训练：一项是让思维中的杂念消除；一项是让身体处在精神饱满的状态。

  前者对应于《佛遗教经》所言："制（心）之一处，无事不办。"这个"制（心）之一处"，针对的是人心妄动，容易散乱。不在昏沉，即落掉举。于是不免日日闲过、伤春悲秋。在佛教的另一本经典——《金刚经》中，则给出了训练方法：其一是"降伏其心"，意谓将杂念消除；其二是"念起心觉"，当杂念冒出时，内心有个观伺觉察，看其自生自灭。久久练习，自可回到一心恒用的状态。

我最羡慕大董的一点，是他身上有圣人酬酢万变而天运不息的气质。人似走马灯，而中心不移。这段话在《传习录》中则是这样讲述的：

> 崇一问："寻常意思多忙，有事固忙，无事亦忙，何也？"
>
> 先生曰："天地气机，元无一息之停。然有个主宰，故不先不后，不急不缓。虽千变万化而主宰常定，人得此而生。若主宰定时，与天运一般不息，虽酬酢万变，常是从容自在，所谓'天君泰然，百体从令'。若无主宰，便只是这气奔放，如何不忙？"

换作他人，则应酬亦忙、管理亦忙、做菜亦忙、摄影亦忙、写作亦忙、开店亦忙、管闲事亦忙。大董亦自嘲：狗拉八泡屎，泡泡舔不干净。但据我观察，他在做每一件事情时，仍是能做到专注的，不免有气定神闲的气度出现，酬酢万变而常是从容自在——有时他吃着吃着忽然冷了场，原来是在手机上写一日一菜。于是一桌食客都开起了选题策划，眉飞色舞、兴致勃勃。文章还未发表，正反馈便已先至，大董获得了心理能量的支撑。鼓励、赞美、点赞、支持、顶，对于一个人的奋发向上，的确有正面积极的力量。有一次艺术家徐冰跟我开玩笑："我做那么多的艺术作品，不就是希望你们说句好吗。"夸奖两句，心里美滋滋。一个男人不管走多久，内心还是那个男孩。

专注的事情还未说完，该说后一项了：除了消除杂念外，生理机能的调适也是必不可少的。人的精神状态靠的是生理基础。精神不振盖因身体不适、四大不和；精神过振，往往是躯体过劳失控之象。要保持专注，精力是个大问题，精力不济，则疲惫懈怠，人会时时打退堂鼓；精力亢奋，则夜不能寐很快烧完了。精力的"火候"，如何化用，这真是一门大学问，庖人尤有发言权。抑郁时，读读尼采；躁狂时，读读叔本华，这是药。反过来读，就便成了毒。

人的精力与体质，多由天生。大凡成功者，皆是精力过人之辈。这是老天给的格局。所以说，命运的一大部分，已由天定。但是道家提出来了一个理论："我命由我不由天。"这个理论认为，通过后天的修持，人能改变命运格局，甚至长生不老。因此发展出了"无为顺应"的观念，这是省力模式。而唯物主义哲学观则以"人定胜天""愚公移山"来理解专注模式。专注模式和省力模式原无二异，因为专注是最省力的。专注到忘我的地步，便进入无为的化境了。

西方的心理学家则为专注写了两本书：一本叫《深度工作》，教众人如何能够专注工作；一本叫《心流》，解释专注工作带给人的忘我感和幸福感。

我们要追问大董的，是他写《一日一菜》时，是否体验到"心流"的感觉？这个时辰类似于马斯洛所言的"高峰体验"。因专注而忘我，因忘我而入造化之机，因造化之机而人天共运，与其说是作者在写，不如说是老天假作者之手在写。李白有"大块假我以文章"之喟，真是深深明白此等道理。

如若读者读到《一日一菜》时，也进入到沉浸式的体验，忘我，专注于字里行间的审美意味，或是各种感觉被调动起来，嘴巴大张流涎而不知，那则是大董的成功。他用文字进行了审美上的"移情"处理，将美食的感官化通过文字的摄取，直接对人的中枢递质发挥作用，从而实现了"不食而食，美美与共"的美食文章的理念。

但是我私底下知道，诸多中国的大厨，对他的"一日一菜"是暗暗地收藏，悄悄地当功课来做。朋友们亦会劝他，那些机关决窍，不要搂不住，在文字中透露了消息。多年的经验与心得，就这么公布了出来。但大董心肠好，搂不住，掏心掏肺，遂有金玉良言之布。

读大董的《一日一菜》，要做个有心人，则必有大获。否则，春风过牛耳，枉费了一场关切之情。

我本想说，一日一菜总关情。但情之一项，却又是另外的大题目，于是在此，仅言专注之情。至于其日作一篇，至三百篇不缀的励志故事，已迹近于神话，却是亲眼所见的事实。外人多不信为其所写，大董哈哈一笑，更加得意。我是知道其写作方式的，桌上、车上、床上。也时时找我查证把关，我是第一读者。每日不胜其扰，多以"无改""几无改"敷衍塞责。他有时表达不满，想听点中肯的意见，发来几个字：评价几句。我硬着头皮，也不知说了什么靠谱或不靠谱的话，于是他下一篇文章便有变化。这也是让我领教过他的悟性的。

文章一道，除了多读多看，实在是别无良策。君权是神授的，作者权何尝不是神授的呢？人人皆有佛性，人人皆有作者权。成佛或成为大作者，花时间，专注，制心于一处，从当下就开始。

千万别让大董给超越了。

立
秋

黑色多美好，只是别黑心

立秋了，黑松露露面了。

秋天的个性是五彩斑斓，黑松露的个性就是黑。这个黑是"被黑"出来的。

那年，在郑州一个客人请领导吃大董的招牌菜"铁棍山药烧鲍鱼"，领导吃了两口后，对着服务员大喝一声，把经理叫来，问问为啥这样大的煤油味？为啥不把锅刷干净？

看着黑着脸的领导，我也觉得黑松露真是有浓重的"煤油味道"。

其实我特别喜欢黑色，比如喜欢黑白摄影，也喜欢设计黑色的美食，设计最成功的是"黑松露墨鱼汁文思豆腐"，这不今年中秋又设计了一款"黑松露"月饼。

黑色多美好，只是别黑心。

美食进化论

我表姐是个美食精灵。她是我最认可的美食家之一，当然还有之二，那就是大美食家沈宏非先生。沈宏非先生遇见有灵性的人都会激情澎湃地教你两手。比如，教我做出最具创新属性的伊比利亚（帕尔马、邓诺、上蒋）火腿粽子。那天沈先生遇见表姐，又教给表姐一道日料——"海胆芝士饭"，马粪海胆、三文鱼子、金目鲷、真鲷、比目鱼、酸奶油、哥根苏拿奶酪（Gorgonzola）。嘎嘎嘎，你如果吃过多臭的马粪海胆芝士饭，你就会澎湃出多高的激情。

男女食家一相逢，美食就这样进化了。

春天发嗲，秋天矫情

春天发嗲，本来就没有太多的吃食，也要装作很惬意的样子，拌个春草黑鱼籽，非要说成是沙拉。

夏天慵懒，一杯美式冰冷萃和"夏天的莫奈花园"，假装很文艺。

秋天矫情，"小桃气"太女生气。秋味要重，女生最爱的烧野生昌黎比目鱼，要有辣味，还要甜酸。酸味要用野生蓝莓，满盘晶莹剔透，才是秋天的矫情。

这样一年的美好，冬天一定有冰蓝的梦。

哈苏里面看蓝莓，听取矫情一片，嘎嘎嘎。

壮胆行色聊慰风尘

@希希公主听说我做了腰手术，让她老爸给我炖了一锅她家的招牌"夏叔私房烧牛尾"。老先生当年也是烹饪的一把好手，从这一锅酥烂不失其形的"枫糖浆炙烤油蟠桃炖桂圆牛尾"就可见一斑。@希希公主特意打来电话，如果有鹿茸一起炖对腰病会有很好效果。我依法炮制。吃是吃了，心中又生疑窦，会不会头上长角，屁股生尾呀？

不管这些了，有 @表姐这 Cabernet Sauvignon（赤霞珠葡萄酒），也足以壮胆行色聊慰风尘，嘎嘎嘎。

秋天长个小豆豆，让你说我成熟了

窗外一阵风吹来，踢毽子的大哥打了个寒战，秋天这是来了。

松露这几年正火，可以搭配各种吃法，刨上几片，啥菜都高大上了。做个当年的白富美"芙蓉鸡片"，用黑松露做个鱼籽，传统就是这样进步了。

桌子上的猴丫丫蒙奇奇，脸上长了小豆豆，像是和大家说，我也成熟了。

米脂婆姨赛花蟹

五妹熊丽是陕西米脂人。昨天风风火火地端着一大泡沫箱子，喊着，四哥哥，开海了，给你尝尝你喜欢的花蟹。

东海的"螃K"一天天肥起来了，一抉公蟹腿，蟹柳肉着实一大口，先鲜后甜；母蟹盖子上蟹黄胭脂样块块满。

花蟹不男不女的我啥时候说喜欢了，倒是稀罕妩媚动人聪明伶俐的米脂婆姨。

有焦糖色的初秋，刚好

老树新作诗云：

> 远山秋云乍起，
> 平野渐次苍黄。
> 小院瓜熟蒂落，
> 手边一茶微凉。

看来老树有些孤单。

东京现在"生布丁"正火，@表姐就带着她的日本厨师长来做给我吃。

生布丁：淡奶油，砂糖，兰皇鸡蛋黄，香草和自制焦糖。

我说：

夏天糖水吃了，

初秋奶油鸡蛋香草。

口感极端细腻，

焦糖美拉德刚好，

窗外秋云乍起，

小院一茶虽凉，

有了布丁初尝，

才觉秋日天朗气畅。

香吻柿子布丁"小舌头"

大董工体店有两颗柿子树。霜降后，柿子就秃秃地挂在树枝上。熟透的柿子甘之如饴。鸟们啄吃柿子的小舌头，我心里都恨恨的。小男生会含着舍不得吃，像体会舌吻。

每年我都会存一些冻柿子。冻柿子可以吃一夏天，尤其三伏天吃，嚼着冰渣，哈着寒气，透心凉。

今年扤出柿子小舌头，配上焦糖布丁，暖暖的，会不会更暧昧？

听着鸽哨汆丸子

北京入秋要吃羊肉，除去"爆烤烧涮"羊肉，似乎"萝卜丝汆羊肉丸子"更受老百姓喜欢。家家都能做，随时都能吃。有一锅水，丸子入水，水开，丸子飘起来就能吃了。想辣点多加点胡椒粉，撒上芫荽，点点儿香油，就俩烧饼，老百姓就这样家常。

海棠红了，天一早一晚的凉。去年我请很多朋友吃萝卜丝汆羊肉丸子，寒冷的冬天，听着鸽哨汆丸子，热乎乎的暖心。

呼伦贝尔大草原的野生蓝莓酱

　　大白超家在大兴安岭西麓呼伦贝尔大草原。从小，我的梦境里，白云下草原上，姑娘骑在马背上用套马杆套马。梦里的草原姑娘还背着背篓，不套马的时候就采蘑菇摘蓝莓浆果，或者男女骑在一匹马上谈恋爱。

　　大白超从家里带来她妈妈煮的蓝莓酱，说是用大草原的野蜂蜜煮的。

　　在麦麸面包上抹上大白超家的蓝莓酱，真想去呼伦贝尔做姑爷。

丰腴肥美，入口即化

　　最早吃鹅肝是在北京马克西姆，形容鹅肝的词"丰腴肥美，入口即化"，也深刻在脑子里。后来再有人用"入口即化"这个词，我总是想到鹅肝。这些年吃过很多鹅肝，印象深刻的是日本东京的"SUGALABO"，焦糖鹅肝也真是没谁了，北京 @ 表姐家 @ 高仓的焦糖鹅肝寿司和他有一拼。大董做鹅肝，比较有特色的是"山楂鹅肝"。觉得"红酒鹅肝批"这样"丰腴肥美"的滋味，再炒个红果汁，裹在鹅肝上，做成山楂样，谁说不搭调呢？

色彩有反差，味道特干巴

美食家小宽 24 号做个黄油蟹和菌菇活动，吩咐我做几个菜。其中干巴菌要求有点新意。琢磨了几天，@甩果汤汤明姬突然说，可不可以用干巴菌做个沙拉呢？这几天我们用香格里拉的青稞做了一个沙拉，正好放在里面。这样一个新的沙拉就诞生了——"干巴菌青稞沙拉"。听名字是不是特简单，其实真不简单，为了突出干巴菌的黑棕色，我把所有的杂色菜都去掉了，又加入点奶酪、银耳等白色元素和青稞一起与干巴菌形成了对比反差。

色彩有反差，味道特干巴。

端马爹利，作思念状

今天出暑，天色有萧瑟。秋天让人忧愁，那年我去医院看抑郁症，医生说吃点药吧；到春天想不吃药了，医生说，春有花落，让人惜怜，易春愁。又一年秋天，去看医生，发现医生也抑郁了，随将减药想法不说了。忽然想秋天解忧，唯有烤肉。烤肉留待大雪日，等@沈宏非先生一起饕餮。今天只得打包一个"芫爆散丹"，端一杯马爹利傲创，装作思念状。

处
暑

猕猴桃真奇异，芯都"费茳"了

郝舫夫人费茳送来两箱四川蒲江红心猕猴桃。猕猴桃原产中国，后来去了新西兰，成了世界最大产区，品种经过不断优化，品质那是杠杠的。

猕猴桃从新西兰再回到中国，名字就变成了洋气的"奇异果"。

把果肉打成汁，加 Calpis（可尔必思）、fresh lemon juice（鲜榨柠檬汁）、bacardi rum（百加得朗姆酒）、六一 Jin，再插上一颗百里香，做一杯"爽"，酸酸甜甜的趁着秋凉，对着秋月，就可以说千里共婵娟。说点我信的话，中年大叔吃最好，血压高、血糖高的人最适宜，其实，还可以有坚挺勃大的作用，当然这奇异的功能，是和心胸一起博大的。

猕猴桃真奇异，绿莹莹的果肉嵌着眸子色的籽儿，芯都绯红（费茳）了。

咖喱和蟹，谁挟持了谁

餐饮圈当年都对三里屯机电研究院院里的"蕉叶"餐厅佩服不已。"蕉叶"的招牌菜是"咖喱蟹"。"咖喱蟹"让人又爱又恨。黄咖喱是他家的秘制，好吃到舔手指头。"咖喱蟹"用的是面包蟹，说实话面包蟹壳子空空的没黄没肉，没啥吃的！咖喱菜有很多组合，比如咖喱鸡、咖喱牛肉、咖喱蔬菜，可"蕉叶"偏偏组合成"咖喱蟹"，蟹比鸡贵，比牛肉贵，想吃咖喱必须吃蟹，吃蟹钳还要上手，嘎嘎嘎。"蕉叶"把咖喱的边际价值放大到顾客最大的容忍点。从经营角度创造了一个价值最大化的案例。

后来，"蕉叶"不知什么原因停业了。

想到"咖喱蟹"的味道还会咽口水，爱吃咖喱痛恨蟹。

"小大董"也有这道菜，咖喱多多的，价儿别贵了，别让蟹劫持了咖喱。嘎嘎嘎。

这芦根鸡头米不是可以吃吗？

沈宏非先生曾讲说现代京剧《沙家浜》里有一故事，说的是在芦苇荡里坚持斗争的战士拿着芦根、鸡头米让指导员看，说这芦根、鸡头米不是可以吃吗？这句台词让人疑惑，好似战士们突然发现鸡头米是可以吃的。我怀疑这个战士一定是北方人。

现在鸡头米成了珍馐美味。苏州葑城鸡头米更是细腻洁白，颗颗珠玑，身家高贵。过了七八十年，再尝"冰糖煮鸡头米加糖桂花"，一物两重天，味道各不同。

小味有大美

台湾美食家舒国治曾说，小吃的佳美，可以透出人的良善。我深以为然。

辉哥火锅老板洪瑞泽一家是美食家族，他的姐姐洪莹女士是大美女，更是大美食家。经常给我寄一些食材让我品尝味道。一次寄来洪妈妈亲手炒了五个小时的橄榄菜，熬一锅清粥，我会喝得吧唧嘴。这不，前天，洪莹姐又寄来一些海味儿"鲞"，并写上吃法和注意事项。

"董大哥和袁姐笑纳：香港本港鱿鱼干，每次取 5 个，用油炒后加 400 克萝卜煮汤。"（袁枚就是这样写菜谱的，嘎嘎嘎）我按方煮，连喝两大碗。

秋天霜后萝卜越来越好吃了，用鱿鱼鲞加点二汤煮。萝卜有甘甜气，鱿鱼干炒过后软而韧，腔管里有籽，更是香。汤鲜醉人。北方人难解"鲞"字，更难解其味。只觉得洪莹姐给的食材虽是小味，却大美。

齐齐哈尔人，"齐齐哈尔"我

办公室李雨是齐齐哈尔人，前两天回家看妈，回来带来她妈妈自己种的油豆角。

北京种的豆角一般扁片状，有紫色的边。或者种豇豆，有一尺长。油豆角曾经在东北吃过，肉肉乎乎的肥嫩，和肉一起炖就会很吃味道，有肉香。李雨带回来的油豆角用 @大董大懂家的炸酱炖，秋天家常味道也吃出一个过瘾时节。

一方水土养一方人。油豆角是东北一宝，在东北怎样做都好吃。对于我这样不开眼的外地人，吃个油豆角都会好吃得大呼小叫，估计齐齐哈尔人，都要"齐齐哈尔"我。嘎嘎嘎。

卡露伽鱼子 Cavort

十多年前，我带一帮名厨去千岛湖卡露伽鱼子酱公司学习后，用卡露伽鱼子配大董的"酥不腻"烤鸭皮，获得极大成功。卡露伽鱼子也成为烤鸭的高配。

前两天卡露伽夏永涛总拿来一盒鱼子酱让我品鉴：鱼籽是库里精选的已达 20 年、粒经 3.4mm 的达氏鳇鱼子酱，入口弹性有爆浆感，有浓郁的奶油味、坚果味、黄油味的复合味道，前口香，回味悠长，香味浓郁，可以比美黑龙江野生鱼子酱的。达氏鳇英文名 Kaluga，也是卡露伽品牌对应的品种。

腰间盘康复训练，用 Kaluga 达氏，鳇给力。Cavort（跳跃），嘎嘎嘎！

虾子逼高粉丝煲的格

秋浓色重。小大董的老员工魏金平从家里带来了李子，一果两色，殷红和金穗黄。着了阳光，色彩饱和度就高。

中午，董安安和蒙奇奇吃了个很有锅气的"虾子粉丝煲"，这道菜董安安和蒙奇奇吃得很陶醉。据说当年上海米其林星探去大董越洋店探店，不知道是满意还是不满意，给了个一星。这都是过去的故事了。

殷红的李子和有大把红椒的"虾子粉丝煲"映着俩小孩在午后慢时光里，有些懒惰。

尤其那杯厦门胡满荣兄出品的红茶，生生把一个午餐吃成了幸福下午茶。

不宜初次见面，却可老来相伴

八月中下旬，呼伦贝尔草原的沙葱开花了。为了看花吃沙葱，"大董小味"经理大白超姑娘又回草原去了。

骑马踏花，吃有野性的沙葱，蓝天飘着的白云就把姑娘的脸映得粉白粉白。

新巴尔虎右旗的沙葱，开着紫红色、白里透红的小碎花，在草原漫山遍野地开，是粗犷烂漫的。

在锡林郭勒，我曾吃过用新鲜沙葱和刚宰杀的大尾羊肉做的沙葱包子，那是与手扒肉、烤羊腿一样招待客人的大菜。

中午我用沙葱为馅儿，做了盒子，哇，久违的情感，亲切随性。那年那月那日，都是如烟往事。似葱、似韭、似大蒜、似香草。气味如此雄壮。

不宜初次见面，却可老来相伴。

今天有客（读 qiē）来，用沙葱做成酱汁，配大白超带来的腌沙葱、海盐、罗勒酱，支上低温慢烤炙子，烤新西兰小羊排。

花韵是诗，似觉踏花归去；白云飘飘，让人心猿意马。多么美好心境，沙葱啊，可乐啊，一嗝儿毁所有。嘎嘎嘎。

做鸭，我太难了

昨天请美食大咖在"大董美食学院"吃饭，我是费了心思的。@彭树挺先生是广州白天鹅副总经理，广东美食界的元老，岭南美食的活地图，脑子里装着广东美食的历史；@好酒好蔡是当今品位中餐的代表，出身美食世家，又在美国长了大见识，美食、茶、酒，全栖生活家；还有@孙兆国兄，中餐厨师扛把子人物，卖过四十万元一餐的饭，我是由衷佩服，曾经我做过比较，我需要烤1500只鸭才能卖四十万，做鸭的太难了，嘎嘎嘎。在坐的还有其他几位重磅大家，权且不表。

且说这桌宴会，鲍参翅肚燕，是不能上了，为啥呢？一，他们全吃过；二，且吃过最好的。比如鲍鱼，他们吃过两头的窝麻鲍；鱼翅呢，在现在的社会价值观下就不做了，不找麻烦；海参呢，当然大董家做得最好，但不能每次都拿海参挡饯啊；鱼肚也不能上。过去北京管鱼鳔叫"鱼肚"，广东潮汕香港管鱼鳔叫"花胶"。这些年北京美食界，管鱼肚都叫花胶了。管鱼肚叫花胶，显得有品位，也能卖出高价来。燕窝也不能上，我在@好酒好蔡家吃过蔡妈妈给我做的燕窝粥，一大碗燕窝用冰糖蒸化，实实在在的燕窝的粥。

突然想起去年夏天在工体院子里给朋友们烤羊肉串、烤羊排、烤猫山王榴莲的烤肉支子，这个可以显摆。

这个烤肉支子是很多年前，我在上海给一个大公司做到家服务，提供服务的还有一个德国厨师，他用这个烤肉支子烤羊排。这个烤肉支子，下面是一个大铁锅，锅里盛放木炭，通过拉链升降高度控制火候。烤一次需要五个小时，德国厨师说，这是低温慢烤。这个低温慢烤和现在流行的将羊排等食材抽真空后，浸在水中或控制烤箱恒温的低温慢烤不是一个概念，这种低温慢烤可以让食物有很浓郁的炭烤味道。

昨天的低温慢烤新西兰小羊排，烤了五个小时，从羊排的色泽上可以看到肉色均匀粉红，肉质口感软嫩，配上@大董小味经理大白超姑娘带来的沙葱做的酱汁，还有海盐，我是很满意的，心里窃喜。

昨天还有"红花汁天目湖鲟鱼软骨"，这一碗比最好的鱼翅还要金贵，一条超过十斤的鱼里才有十厘米长的一根，一碗需要三十根。这要感谢江苏溧阳天目湖宾馆的总厨 @ 戚双喜，为了我这桌饭，也是不惜代价了。

这桌饭里还有让 @ 彭树挺先生交口称赞的"火晶柿子布丁"（正品火晶柿子还没上市），他说这是天才的创作，我听了沾沾自喜，因为他说的是感慨，不能拒绝老先生的认真。

还有几道菜，都很出彩，比如 @ 大董大懂的"酥不腻"4.0 版本烤鸭。大家还没听过这个 4.0 概念，那就暂且放下话题，下次再说。

为了做好饭，我这个做鸭的，太难了。嘎嘎嘎。

赶年吃鳎目

张步岐是昌黎人。昌黎出比目鱼。比目鱼好像是近些年叫出来的，上世纪七八十年代都叫鳎目（tǎ ma）鱼。叫鳎目鱼，大家伙儿都熟悉，莫过于相声说"南边来了一个喇嘛，手里提着一条鳎目……"，鳎目鱼是山东、河北、北京、天津、大连饭桌上的名贵鱼，野生鳎目鱼口感极其细嫩，只有一根大鱼骨，没有小刺，小孩儿老人家都可以放心吃。上了年纪的老人家好吃鳎目鱼，就做个"侉炖的"，"侉炖鳎目鱼"是大董家的拿手菜，入了秋，吃个热乎滋润。我有一个老先生朋友，名讳张西山，老先生上个世纪七八十年代任职北京烟草公司副总经理，是个大生活家。老人家最爱吃当年团结湖北京烤鸭店里的"侉炖鳎目鱼"，而且老先生不要厨师调味，厨师只管把鱼去骨取肉，蘸面粉裹鸡蛋轻炸，用二汤炖好，再把胡椒粉、米醋、盐、香油、芫荽、眉毛葱等调料备好，老先生自己给客人调味，他一边调味一边吧唧嘴，很是得意。

现在比目鱼很稀少，我都是嘱咐张步岐给我找野生的，每次张步岐找到后都会用冰块镇着，送来北京。现在从昌黎来北京走高速，有三个小时就到了，可以吃不冰冻的比目鱼。

今天晚上，有朋友来，除了要吃"侉炖的"，还要吃"水煮的"，这出了格的要求我倒是认可，因为想想就会流口水。估计这是"水煮鱼"的最高境界了。

张步岐还有一个名字，叫"赶年"。张步岐是腊月二十八生人，紧赶慢赶没赶上大年初一。他父母希望能在春节得个大胖小子，那就喜上加喜，春节里吃鳎目鱼好喜庆。

张步岐做了很多年水产生意，除了瘦点，全家都很幸福，这个"赶年"名字起的好。

鱼的品位

从人体养生或健康角度说，鱼富含人体营养素的蛋白质，鱼的脂肪尤其是海洋鱼类的脂肪富含不饱和脂肪酸，是易食食品。有一句话能简单说明啥是易食食品：吃四条腿的畜类不如吃两条腿的禽类，吃两条腿的禽类不如吃一条腿的菌菇蕈蘑类，最好多吃没腿的鱼类，尤其是深海鱼。

从美食品味说，吃鱼还是有讲究的。在扬州菜里有"刀鱼鼻鮰鱼嘴"一说，刀鱼已经很珍贵了，刀鱼鼻上的吻，是上天镶嵌在刀鱼身上的天物，现在刀鱼已是国家保护鱼类，亦不可得；鮰鱼嘴上的胶原蛋白和脂肪高于鱼身肉，丰腴肥美。扬州大师狮子楼老板吴松德给我做过一次，十几条鮰鱼，只取鱼头腮前部分。从厨几十年只有此一次。美食见识只有见过尝过，没有弓弦可走。

"干烧比目鱼"是"大董烤鸭店"的招牌菜之一。这道菜从1985年团结湖北京烤鸭店建店时就有。这是典型山东菜的干烧菜，口味甜咸，甜味大于咸味，味道浓厚，回味悠长。这个悠长是甜咸过后的酸和辣。辣是煸炒辣椒的辣，这个辣味和四川的干烧鱼不一样，四川的干烧鱼用的是郫县豆瓣酱。在口味甜、咸、辣、酸里排第三。最后是酸味，这个酸更和别家不一样，除了一开始煸炒辣椒、葱姜蒜，烹醋提香定味外，在烧的过程中，加入大把的长白山上的野生蓝莓。味道里醇厚中有了水果的酸香。这样一条鱼，总是被朋友吃的连汁都要拌了饭。有时候我去店里，从前厅经过，也会看到一些客人只取了中间鱼肉吃，几次我会把鱼边和鱼嘴肉用勺扒了，放到客人盘子里。客人有时还没有反应过来，我已经走了。害得服务员要解释这个大高个子是大董，在给客人扒比目鱼最好吃的鱼边和鱼嘴。比目鱼鱼边有像米粒一样的筋粒，镶嵌在脂肪里，是一条鱼里最值得吃的，还有鱼嘴上下的两小块肉，遇见千万不可放过。放过的是遗憾，比目鱼会遗憾你不食鱼，鱼不识你。

鱼好吃，还有很多好口彩，年年有余、如鱼得水、沉鱼落雁、鱼水之欢，想了半天还有一些晦口的话，漏网之鱼、臭鱼烂虾、鱼龙混杂。

据说鱼只记得七秒的事，过了七秒的事全都忘了。七秒好奇妙。嘎嘎嘎。

大黄鱼蜕变

　　大黄鱼上世纪初和黄鱼、带鱼、平鱼（又说是乌贼）为四大经济鱼类，丰年时，曾动员老百姓买爱国鱼；浙江沿海晒鱼干做鱼鲞成地方风味。后来由于狂捞滥捕，大黄鱼资源慢慢枯竭了。现在鱼价不断攀高，成为奇货。大黄鱼作为原经济鱼类，非为名门望族。其肉质公认说法是"蒜瓣肉"。"蒜瓣肉"并不细腻，现在说其肉质细润丰腴，不过是希冀其脱去布衣扮公主，粗手涂脂要白嫩而已。

　　大黄鱼很难见野生，养殖大黄鱼也好，有鱼吃总比没有强。大黄鱼按海域可分为三个种群：①岱衢族；②闽东族；③粤西族。

　　野生和养殖大黄鱼的分辨：养殖黄鱼养在鱼箱，而野生黄鱼经常在深海游动，因此可以从体形、体色和嘴巴三方面来区分。野生黄鱼体瘦且较狭长，肉细腻，体色呈金黄锃亮，嘴巴尖，鳍长而尖（像经常健身人士）。养殖黄鱼则体型扁胖，头短而圆，鳍短而钝，看上去圆滚滚、肉嘟嘟（更像久坐人士）。

　　中国沿海从南到北都有养殖。在大黄鱼的养殖里岱衢族大黄鱼更接近我们对大黄鱼的美好想象。

　　我更欣赏如舟山或温州的"雪菜大汤黄鱼"的烹饪，一是准确把握大黄鱼的鲜美特性：大黄鱼鲜美第一，肉质细嫩第二。大汤者，汤之极品。为萃取老鸡汤汁，再辅以瑶柱。鱼羊之美，不可类比。雪菜收获季节在霜降后，菜蔬经霜冻，水分析出，淀粉糖化，会甜香，像震泽的香青菜。雪菜用海盐腌，蛋白质转化为氨基酸，鲜类物质大量增多，炖汤、炒肉末，怎样做都好吃。大汤泡了雪菜，鲜上加鲜，好里又好。想想，大汤雪菜炖黄鱼就是再登高一楼，自是"东风又与周郎便，铜雀春深'有'二乔"。

好朋友 @陈黄鱼ᵒ珑ᵒ 送来两条 4 斤大黄鱼，说是岱衢族的，黄澄澄的面条。想起那年在温州，中国烹饪大师 @周雄先生给我做的"野生大黄鱼炖南豆腐"，我用这两条大黄鱼邀请几个好朋友，圆了念想。

山东菜做糖醋大黄鱼，是个传统菜，挂糊油炸浇糖醋汁，是女生和小孩的最爱。甜酸和咸的平衡之妙可誉为樱桃味。最佳手艺可将小鱼骨炸酥，只剩一根大鱼骨。只是糖醋之法无法体现对大黄鱼细嫩的期待。我看无需这样苛求，还是莫到琼楼最高处，给大家留个念想吧。

2019 大董品鉴月饼排名

第一名：汕头"平平居"特供香港"尚品荟"的月饼"尚品月"

特点：一饼两味，馅料爆足。包装文创典雅时尚，是一款神级产品。

今年，张新民汕头潮菜研究会秘书长陈维斯小姐给我寄来她监制的"平平居"吴平远师傅亲手制作的"尚品月"。

潮式蛋黄双烹月饼，同时含有咸、甜两种馅料，蛋黄的丰腴使得月饼口感层次分明，里面的馅料也很讲究，分为双层，称为双烹月饼，除了一层乌豆沙（潮汕人将陈年红豆馅称为乌豆沙），还有一层像水晶一样晶莹剔透，里面有冰肉、芝麻、麦芽糖、冬瓜丁与葱，口感比一般的月饼更丰富。除此还有潮式绿豆沙月饼、潮式红豆沙月饼，一盒尽享三种经典口味。

潮汕本地人直接切开食用，有些老饕则将饼先放于冰柜中冷冻，目的在于寻找昔日用大水缸置放在地下埋藏三年或隔年的豆沙馅的冰凉味道。酥皮豆沙饼饼皮酥香不腻，豆沙馅用工精细，入口即化，喉咙冰凉。他们月饼里豆沙满满的，爱吃豆沙的朋友可以过足瘾。其实这款月饼得奖的原因大部分为它的包装设计，在爱马仕时尚橙红上是中国传统纹饰，将传统和时尚结合得如此典雅华贵，在众多月饼产品中，放了光芒。

月饼好，礼盒更有魅力。

推荐人：汕头张新民潮菜研究会的斯妹子（陈维斯）

第二名：广州酒家月饼（广式月饼的大哥大）

中国月饼销量的半壁江山。特别传统，传统到不改包装图案，还在使用将近一百年的铁盒，那是过去人家吃完月饼都不舍得扔的盒子。当然月饼做得真好，好在哪里呢？偶然吃了一块广州酒家的大师月饼之后，就马上惊诧于那种细腻的口感。是的，没有什么更多的语言来夸赞这种莲蓉的质地，就是异常的细腻，细腻的成为膏状。有一种入口即化的口中愉悦。

名扬天下的香港点心四大天王，广州酒家就占了三位大师。有这样的纯正血统，这月饼就不再是一家之言，而是成了行业的标杆。

推荐人：闫涛

第三名：董到家"董之月"黑松露"流心黑金月"

大董集众多头衔于一身：北京烤鸭代言人、意大利阿尔巴白松露代言人、大董中国意境菜创始人。

看这些称号可以知道大董是集中国传统和时尚文化于一身的美食先锋。大董创意"董到家"的黑松露"流心黑金月"，正是这样的一款中秋文创美食。

这两年流心月火爆时尚，大董"流心黑金月"在细腻如怡的莲蓉中嵌入醇香幼粒黑松露，将西方顶级食材完美结合到中国传统文化中。

明月清欢，人间至味！

推荐人：大董大懂

品鉴推荐月饼：广州白天鹅"迷你蛋黄莲蓉"、中山海港大酒家"海港月饼"、深圳"蚝爷""金蚝陈皮月饼"、苏州胥城大厦"鲜肉月饼"、北京孔乙己和辉哥火锅合作月饼、北京稻香村"自来红"。

被晒干的小伙儿

烟台烹饪大师程伟华先生时不时地给我寄来他"天天渔港"的长岛金钩海米。

我一直想知道这个晒干后的虾肉，全国都有啥叫法。因为如春谷成米，北方大部分地区叫海米。山东地区叫金钩（或特指一种鹰爪虾的海米。鹰爪虾色泽金黄，形状像一把钩子，故得名"金钩海米"）。

"开洋"是江浙吴语区人的叫法。

我最得意的金钩海米吃法是冲"师娘紫菜汤"。紫菜要用汕头的或厦门头手的，酱油用"酱油哥"的酱油，不用鸡汤，只用开水，更不要放味精。放十来个金钩海米，点点儿香油、芫荽、葱花。品尝金钩海米、酱油、香油、紫菜、芫荽、葱花混合的味道，才觉如此有真意。

海米有好多吃法，比如拌芹菜。芹菜用西芹，西芹比起国产土芹味道清淡许多，这样才突出金钩的味道。海米不要泡得太软，要软不软的时候，才有嚼劲。先吃海米再吃西芹，嘴里是有层次的清香。

还有一吃法：海米泡水后，过油炸酥脆，炝炒圆白菜。海米酥酥的香，再加上洋白菜的锅气脆。空口吃，下饭，都合宜。

午后有阳光，透过窗子，下午茶可以有一盘金钩海米。金钩海米更金红，氤氲的茶息都有了暖色。

我爱上了金钩海米的纯粹，有时候会随手抓几颗，放嘴里嚼，鲜、香，还有慢慢出来的甜。

有一些滋味是晒去水分，更醇厚。比如鲜贝和瑶柱，比如龙眼和桂圆，比如小伙儿和大叔。

我要吃口肉肉

黄州东坡雪堂猪肉，少水慢火肥香不瘦。

无以为样才学，留下一嘴涎水，我要吃口肉肉。（题记"大董小味"华贸店）

红烧肉不骚不腥，一飙肥肉化且整，瘦肉入口不塞牙，真是一块好肉！今天检查"大董小味"红烧肉，想起少年时，过春节的念想：我要吃肉肉。现在想起来，嘎嘎嘎。

白

露

吃花椒宜老友说新话，不悲秋

寒露时，天高气燥，晓寒露浓。前两天 @熊丽电台 拿来她家的韩城花椒，才知道，大红袍产在陕西韩城。

讲花椒之前，先讲个花胶的故事。

那天请一朋友吃饭，主菜是"红花汁鳖鱼花胶"。鳖鱼花胶很贵重，朋友想看看没烹饪前的干货什么样，我立刻吩咐办公室人员把花胶取来。一会儿取来了，我和客人都笑不可支。取来的是韩城花椒。

这些天正是陕西韩城摘花椒的季节。

韩城有两样东西最著名，一是史学家司马迁，二是大红袍花椒。在当地有这样一句话，用来形容韩城人喜读书：下了司马坡，秀才比驴多。芝川镇和桑树坪两地的大红袍花椒为最好，穗大粒多、皮厚肉丰、色泽红亮。当地椒农都是靠天吃饭，摘花椒盼的是阴天，但晒花椒盼的是大晴天，因为花椒只有经过四五个小时的曝晒才能晒出色泽鲜红亮丽的"大红袍"。花椒采收季，整座城市都弥漫着浓浓的麻香味儿，那天 @熊丽电台 送花椒带了一身的椒麻味儿，打开花椒塑封袋，花椒浓重的麻麻味道，舌尖有了酥酥的感觉。

初春时，我用花椒芽炝象拔蚌，花椒芽是麻酥酥清新的；夏天用绿花椒再炝象拔蚌，清香中有了浓郁的麻香。寒露时的新花椒已经是芳香浓郁、醇麻厚重。

前日吃野生大比目鱼，用麻辣水煮法。大比目鱼去骨，大块吃肉，极嫩滑。配料为泡莴苣，清脆酸爽。

秋天吃花椒，宜老友，但说新话，兴致渐浓而不悲秋。

2019 年月饼品鉴再排名

前几天发完月饼品鉴排名后，突然又有好吃月饼，来了几大波。

辉哥火锅老板、大美食家洪瑞泽推荐的 @大师姐榄仁白莲蓉月饼和 @瑛姑推荐的南记手工陈皮豆沙月饼，我都能吃下一整块。

第 一 名：@大 师 姐（https://m.legendzest.cn/article/detail/5257?from= singlemessage）

第二名：@顺德南记海鲜酒家陈皮豆沙月饼

一家二十年的老字号，一个有情怀的老板，在自家的点心工房内，开始复刻遗落多年的旧味道。按着广式手工月饼的传统，选用隔年无涩味的河北红豆，加入二十年新会陈皮以人工炒制豆沙，不添加食物保鲜剂，以减少对风味的影响。制饼过程从包馅、上模都是人工操作，要求皮薄而均匀且不分离。同时，做到细腻软滑但一定要有沙松感的上好豆沙标准。再加上复古的饼纸包装，重现传统广式月饼按"筒"做计量单位的风貌，在更多的细节上，力求保留传统的风味。

还有如下好吃月饼：新荣记、月满月饼、蟹粉鲜肉月饼、内蒙王丽、鲜奶豆腐月饼、东莞东海海都、一品五仁、太钟锦月月饼、老陈皮豆沙、西贝杂粮月饼、红林大酒店月饼。

情人八宝饭

八宝饭本是腊八节节日食俗。大前天烟台朋友送来无花果。我把无花果糖渍后，加上大兴安岭的蓝莓，还有甘甜的怀柔板栗、满觉陇桂花酱、德州蜜枣、桂圆、湘莲子，做成了八宝饭。看看这些食材，秋天吃八宝饭不是更应景吗？无花果八宝饭是"大董"品牌的外卖产品，做得洋气，好多喜食甜品的朋友挺爱吃。

将糯米蒸熟后，与白糖、猪油和开水和匀。中间是豆沙及桂花，上下铺上糯米饭，塌平，入笼蒸一小时。可以淋焦糖，也可用巧克力汁。如果再进一步，插一些 Meringue（蛋白酥），更 fusion（融合）。

我做八宝饭用无花果和蓝莓、板栗配色，感觉更顺眼。吃无花果八宝饭甜香有嚼头，入秋有寒意，红泥小火炉，和情人吃个无花果八宝饭，说甜言蜜语，还可以就着无花果踩咯吱咯吱的雪。

心软如子

新荣记张勇兄给我一些精选软籽石榴尝。"精选"也几为新荣记之标签。这软籽石榴粒大饱满，色泽紫红，籽软甘怡。想到袁枚说过："大抵一席佳肴，司厨之功居其六，买办之功居其四"，又说"物性不良，虽易牙烹之，亦无味也"。新荣记石榴是好石榴，生意也是好生意，我看人确也良善。反之，人性良善好食材聚之，名誉寰中。新荣记正反皆宜。借张勇兄紫红石榴，试做石榴青稞沙拉，以饷众家。

中秋，你的女神是谁

中秋，月圆花好，你的女神是谁？

黄油蟹过季了，大闸蟹刚露头，两季之间有一独特美味——奄仔蟹在悄然等你。她是蟹中女神——奄仔蟹。

奄仔蟹与膏蟹同出一门。奄仔、重皮、软壳蟹、水蟹、膏蟹是它一生中不同年华的芳名。女神略施粉黛，已是光彩照人。

不需姜葱、不用豉椒、不用蒜茸、不用鸡油、不用蛋白，隔水蒸就好。蟹黄色浅如金，肌白肤嫩，皓齿留香。

中秋，有女神奄仔蟹，可以共婵娟。

和月亮喝一杯酒，让思念微醺

今天，月亮大而圆。吃火锅配烈酒，还有月饼。

畅饮浅酌，思古忧今。

黑金鲍邂逅阿拉斯加蟹，在火锅中曼舞，在咖喱中徜徉。

和月亮喝一杯酒吧，让思念微醺。

拴只闸蟹溜溜腰

蟹趣 1/10

北京淮扬菜"游园惊梦"总经理洛阳，得八两母蟹数只，悉数送我。

张岱在《陶庵梦忆》里说："河蟹至十月与稻粱俱肥……掀其壳，膏腻堆积，如玉脂珀屑，团结不散，甘腴虽八珍不及。"

如此鲜美味道，却是怪丑之躯：无头无尾，似圆非方；额嵌怒目，四对步足；偏趋横行，垫脚吐泡；大螯挥斥，露出争斗相。

曾养"黑背"三只，每日牵颈走巷。

八两大闸蟹，螯足强劲。拴条绳子，也可遛遛腰。

亲丈夫，快去买，莫惜钱

蟹趣 2/10

吃蟹不可小觑：一是跨度很大，螃蟹生长从珠江流域到辽河流域，沿岸民众都解吃；二是历时很久，大中国食蟹历史已有千年。

看郑振铎先生论及《满汉兼》中有《螃蟹段儿》，讲的是一对儿满族小夫妻吃螃蟹的故事，从不会吃到闹笑话，最后嚷着要吃，倒是蛮有趣。

清代，在北京和东北地区，盛行一种满族曲艺，其中有个"满汉兼"的《螃蟹段儿》非常有名。故事很简单：一对屯居的满族青年和汉族妻子，移居城市后，一日丈夫买蟹归来，夫妇均不识为何物。"圆古伦的身子团又扁，无有脑袋，又无尾巴；你看这啐吐沫的猴儿真古怪，又不知该杀的叫什么？"他俩被螃蟹又夹又钳，折腾了半天，才拢到锅里用水煮，煮了多时揭开看，这佳人回头用眼撒："这宗鱼，实实的真有趣，叫人真真的稀罕杀。活的发青如靛染，煮了通红似朱砂。"临吃，又不知吃法，筷子夹不住，牙齿咬不动，夫妻几乎翻脸。经过邻妇相教，"趺婆夫妻接在手，姐姐吃的笑盈盈心中乐，哥哥吃的喜悦笑哈哈。叫了声：亲丈夫再去买，千万的莫惜钱。有滋有味吃了个净，彼此笑个不了，才散了"。

咸鱼翻身，成功上位大闸蟹

蟹趣 3/10

若说大闸蟹邪恶，如今像是天方夜谭。根据《平江记事》所述，公元1307 年，"吴中蟹厄如蝗，平田皆满，稻谷荡尽"。大闸蟹不仅为害，其丑怪使人怖其形状——唐代诗人李贞白说它"蝉眼龟形脚似蛛，未曾正面向人趋"。历代都有人厌恶之。

捕食蟹类，可以追溯到大禹治水。有一个叫"巴解"的督工，痛恨蟹害，愤而食之，始觉奇美。

中秋赏月，月饼为国人道具。今大闸蟹超越月饼，成为大中国全域性国民美食。大闸蟹可谓是"不吃想吃，吃了更想，越吃越想"的五脊六兽附体之物。

它到底有多好吃呢？俨然食界"杨玉环"，集三千宠爱于一身，便也不觉其怖了。

读钱仓水《蟹趣》，赞曰："生若靛染，熟如朱砂；腻脂如晶，黄膏若珀，锦绣灿烂，美味可口；鲜而肥，甘而腻，赛鱼，胜虾，比过一切；天厨仙供，八珍不及，至鲜至美。"

由恨转爱，大闸蟹咸鱼翻身、成功上位、一统江湖。大闸蟹自己都始料未及。

学汤国梨，做"何必"句

蟹趣 4/10

前世各家，诗词歌赋江南闸蟹。堆词砌藻，尽善尽美。

章太炎夫人汤国梨居苏州。所作螃蟹句，更奇绝："不是阳澄湖蟹好，人生何必住苏州。"

从农历六月，"六月黄"始，至九、十月日盛。近年又延至冬月，以"秃黄油"闭幕。江南大闸蟹有倾国倾城之姿：

> 柴米盐油烟火多，何必只为蟹作歌。
> 霜天染重稻粱色，琥珀玉脂欲倾国。

毒蛇、毒妇、大闸蟹，谁最毒

大闸蟹吃法很多。

清蒸最解其鲜。"六月黄"时，其实无膏也无黄，唯有一口鲜。鲜味藏于螯肌：以蟹钳夹开螯壳，蟹柳清白，清香而淡，淡而鲜甜。这时清蒸，曰"尝鲜"。沈宏非先生曾耳语，"'六月黄'最宜'面拖'，有滋有味"。

很多年前，沈宏非先生带我去苏州，和叶放先生见面。他们聊起"秃黄油"。自此，"秃黄油"在美食界汹涌澎湃起来。

后来，沈宏非先生又和我耳语，"比秃黄油更狠者，名'蟹鲃'"。

去年，在苏州，华永根先生于"苏州大师工作室"让我见识"蟹鲃"，洪钟大吕，锦绣辉煌。一黄二膏三鲃肺，我定义其为"三秃"。

俗话说："三辈子学吃，五辈子学穿。"学会吃穿，并非易事。学会吃一个蟹，我也是不容易的。不同时令，不同地方，食法皆异。

还有一法，为大毒。将蟹生腌，此为汕头人大爱。我几次中毒，最甚的一次是在汕头，造访汕头美食大家张新民先生的工作室"煮海"，时间为去年春节正月十六。

前菜若干，其中有一碟大闸蟹，切为小块儿。蟹黄不黄，为晶莹墨色。口感说是冰激凌不妥，说是霜冻水晶柿也不妥，是为氤氲。吃着吃着，有中毒眩晕状。

张新民先生说，食材为"成隆行大闸蟹"老柯专供，是蟹中极品。自己舍不得吃，只为来尝食者。

那天我"把着"那盘"生腌冬蟹＋成隆行金蟹"不让别人吃，料是吃得太多之故，只觉得自己中毒不浅，而又欲罢不能。

世间三毒者，可谓：毒蛇、毒妇、大闸蟹。

南闸北籪，好个侬

蟹趣 6/10

郑板桥点题："船过籪抓痒，风吹水皱皮。"

江南捕蟹，在湖叉中立栅栏，由芦苇或竹枝编织。中间剪掉尺余，船可过行。此栅栏，为籪？为闸？

有一年，我去太湖。随"成隆行大闸蟹"老柯去太湖捉蟹，一位湖上人称"闸爷"的老先生和我说：那是苏南苏北的不同叫法，自古以来便有"南有澄湖闸蟹，北有溱湖籪蟹"，人称"南闸北籪"。嘎嘎嘎。

闸蟹亦另有一说："闸蟹"原本叫"煠蟹"。"煠"字意为烹调方法，下油锅、下汤锅，都叫做"煠"。吴语中"闸""煠"同音。下汤锅煮一回，吴语音为"闸一闸"。因而认为，"闸蟹"得名于普通的吃蟹方法，即蟹以清水蒸煮而食。

我曾请教苏州华永根先生，他解释：两者兼有，以前一说法较为流传。苏州民国文人包天笑亦撰文说过大闸蟹。即此意。

吃蟹一个说劈腿，一个作好诗

蟹趣 7/10

《金瓶梅》甚是有趣，吃蟹不算，还要拿螃蟹开涮。

第二十三回里，平安对宋惠莲说道："我听见五娘叫你腌螃蟹，说你会劈的好腿儿。"宋惠莲是谁？她能用一根柴禾棍儿，把猪头烧得皮开肉化、香喷喷五味俱全，才与西门庆偷欢。

嘎嘎嘎，原来这就是"劈腿"的词源。生腌螃蟹，蟹腿开合，滋味天生。隐指二人野合。嘎嘎嘎。

《红楼梦》三十八回则是众女儿赋诗咏蟹赏桂。薛姨妈最谙其法，吃蟹应"独乐乐"而不应"众乐乐"。

"螃蟹不可多拿来，仍旧放在蒸笼里，拿十个来，吃了再拿。"凤姐要为薛姨妈剥蟹，薛姨妈道："我自己掰着吃香甜，不用人让。"吃蟹的乐趣，正在于自己剥蟹。

众儿女作诗添了雅兴，小题目寓大意思。我最喜两句："眼前道路无经纬，皮里春秋空黑黄……于今落釜成何益？月浦空馀禾黍香。"

以蟹为命者与以命事业者，孰事大

李渔痴蟹，世人誉之"蟹仙"。

他痴到"独于蟹螯一物，心能嗜之，口能甘之，无论终身，一日皆不能忘之"。每年，螃蟹还未上市，李渔就早早地存好了买蟹的钱。这钱是万万不能动的，动了这钱，就是要了命，这是"索命钱"。

他蟹季吃蟹，大吃特吃。除此，以"索命钱"购得多余肥壮之蟹，取黄得膏，猪油炒之，"命家人涤瓮酿酒以备，糟之醉之"。置"蟹甓"于深井，岁尾新春可置温酒品刍——李渔乃"秃黄油"之"始作俑者"。

人皆有癖好，"以蟹为命"，不过李渔一人。

世人皆"以身事业"，少有"以命事业"者。若能将事奉为命业，业终必有成。以蟹为命者与以命事业者，孰事大？（谁都不大，命大。）

"三秃"比"两秃"多"一秃"

说大闸蟹，绕不过去苏州。说苏州美食文化，近代有两位大家也绕不过去：一是写《美食家》的陆文夫；一是华永根先生。

陆文夫知晓者众，故单说华永根先生。他著有《苏州记》《食鲜录》《桐桥倚棹录·菜点注释》等美食书籍。

华永根先生说："大闸蟹菜点，登峰造极的是这两年已被大家熟知的

'秃黄油'。'秃'在吴语中近似'独'的意思，即只用蟹黄、蟹膏油。而此时团脐（雌蟹）蟹黄实足，尖脐（雄蟹）蟹膏斗满如胶。此菜在蟹菜中最为名贵，实属极品级蟹菜、菜中之王。有诗称：'黄油盈冰盘，蟹味惊四座。嫩玉娇欲滴，金脂香犹软。'"

"炒蟹鲃"是用秃黄油炒鲃鱼肝。可谓是在"两秃"之上再加"一秃"。关于鲃鱼肝，当年于右任先生有诗赞过，且成就了苏州"石家饭店"。如此，三好成一好，美食必须"秃"。

秋

分

蟹谢，叔叔再来

蟹趣 10/10

每到蟹季，我都会有一种情愫，萦绕心头，难以忘怀。

很多年前，@成隆行老柯带我去他的太湖基地看蟹。凌晨四点，天还黑着，临湖街上的铺子影影绰绰。有一家亮着灯，走近，看见店名叫"老董"，心一下子热了。老柯给我们叫的是大肠面，汤宽面细，烫口，早晨喝了，很是舒服。

下湖，要开快艇，这出乎我的意料，想必太湖很大。快艇撞出水雾，泼在脸上，人激灵激灵地哆嗦。快艇开得快，迎起很大风，头稍微一抬，眼镜嗖的一下，就被刮掀掉了，等反应过来，船已经开出老远。

早晨雾大，太阳出来时，湖上混混沌沌，先有鱼肚白，慢慢红彤彤的亮了。

船停靠在一户水上人家，是养蟹的。一对儿夫妻两个小孩儿，一男孩儿一女孩儿。小女孩有七八岁，已经上学了。随爸爸样儿，瘦瘦的，眼睛很大很亮。

屋是在很多木桩上悬搭在湖面上。周围是养螃蟹的围栏，像稻田，一格一格的延伸到很远。水上人家，吃住都在湖上，一家四口像岸上人家一样，做饭用的是煤气灶，有电视有家具。我想他们比岸上人家还快乐的，春水初涨，夏风微凉，看长天落霞，和秋蟹一同望月，冬雪寻鸥红泥火炉，一家人其乐融融。

男主人用湖水给我们煮了大闸蟹。蟹鲜灵灵的鲜，香腻腻的香。湖上的味道，只在湖上有。

湖水清澈，湖面微皱。湖上人家渐渐远去，只听得小女孩儿叫了一声，叔叔再来。

北京"三烤"·烤白薯

北京有"三烤"吗？北京人没听说过。汪曾祺先生在他的美食文集《贴秋膘》里说：北京"三烤"（烤鸭、烤肉、烤白薯），是北京吃的代表。北京有这三样吃，但很松散。成一个固定词组，为汪先生说。

烤白薯是秋天的吃，糖炒栗子为秋天的景。现在已经演变成购物中心美食广场里最受女孩儿们喜爱的休闲小吃。我的女生同事时不时的在北京SKP负一楼的超市里给我买电烤箱烤的红薯，一个红薯38元，包装时尚，像个小网红产品。上世纪，确乎是一般家庭的主食：熬玉米大碴粥，要放白薯块儿；放学回家，炉台上有烤白薯，那是要就着窝头吃的。

烤白薯也不是大块儿的，大都是半大不小或者就是白薯须子。最是怀念一种皮儿红瓤儿白的白薯，这种白薯，特别干。掰开白薯，瓤结块儿，特别甘，吃着噎人。

烤白薯还是红瓤儿多，从皮里能渗出汁液。烤出焦糖味儿，随风飘出老远。和糖炒栗子一起，构成秋冬北京胡同里的美味。

白薯各地都有，能成风味美食。可以有"拔丝红薯"，一般在家里做，哄哄媳妇孩子，或者为过年来家的亲友烘托气氛。

湖南有特色甜品"炒三泥"（红枣、山药、豌豆或红薯等），很香甜。炒完就吃，若不小心，会烫了嘴。

今年，我用四川辣香肠煲红薯饭，里面加一些芝士，甚是好吃。前天陈晓卿老师来，落下一袋桐庐"溢乡源红薯干"。我也没再给他送回去。今天打开，和椰子奶糖一起嚼着吃。配上一杯卡布奇诺，心飘出窗外，就越发感觉朋友落下的红薯干比自己买的更甜。

北京"三烤"·烤肉

立秋后，北京人要吃"爆烤涮"羊肉。在这三种羊肉吃法里，"烤羊肉"最豪气。

吃烤羊肉要在下雪的天儿吃，最好下大雪。

我和沈宏非先生约过几次雪天吃烤肉。都错过了。

烤肉有"南宛北季"，烤肉季在后海东北角，右手边几步就是银锭桥。

烤肉季三楼有一间屋，是吃烤肉最佳场所。这屋儿，有北窗，隔窗望见两座楼，一座是钟楼，一座是鼓楼。夏天不刺眼，冬天不苍凉。窗外还有好景，窗底下是老北京灰色的房顶。凌乱着七横八竖的房子，其中有几颗老槐树或枣树，"灰点儿"在树尖上，吹着鸽哨铃铃着飞。

这间屋子里有一烤肉炙子，炙子是铸铁条拼接在一起的，中间有缝儿。松木炭透过炙子缝隙燎烤羊肉，羊肉在烟火中有了焦香味。在这间屋里吃烤肉，要大口吃肉，大口喝酒——这是北京少有的武吃烤肉的地儿。

夕阳西下，暖色阳光里钟鼓楼是金红的，这时烤肉炙烧的烟气，透过阳光，成了古时战场上的血色。

北京这些年少有下大雪了。大雪纷飞的时候，窗外是蓝蓝的调子。趁着大雪，酒喝得酣畅，这时总想起和着裴盛戎上场亮相的"四击头"，唱上一口儿。

北京"三烤"·烤鸭

歇伏后，贴秋膘要"烧烤涮"，这"烤"里面有烤鸭。一年里，吃烤鸭有两个季节，春天和秋天，这两个季节是北京最美的时候。老舍说过，北平之秋便是天堂。

烤鸭好吃，要看天；秋天天高气爽，空气干燥，这个时候，最容易晾鸭皮，皮晾得干，烤出来的鸭子就酥脆。

晾干鸭皮，是烤好鸭子的关键。老年间，北京的烤鸭店或大饭庄子，都是在胡同的房山间晾鸭子，房山间的穿堂风就是个大风道，鸭子挂在这个大风道里，一会儿皮就见"黄"了，大师傅用手一摸，麻麻渣渣的，齐活，可以入炉了。

二十多年前，为了一年四季都能让鸭子晾出麻麻渣渣的"黄"，大董家可是下了一番功夫：生生地拆了两座冷库，实验成能风干能冷藏的风干冷库。这个技术一下子就让北京一年四季都有好鸭吃。

烤鸭有很多的故事，比如：烤鸭为啥要用北京白条鸭？传统填食饲料是什么？为什么有的店烤鸭卖得贵、有的便宜？知道这些故事，和品吃烤鸭一样，都津津有味。

秋水落霞、北京鸭白，是北京西山的景儿。

老舍眼里的北平和现今的北京可能有些不一样。烤鸭变得越来越地道了，可吃烤鸭的人不地道了；本来嘛，京师之地，五方杂处，八方人文荟萃。北京从来就不是纯粹的地儿。

我爱北京的秋，怀念落霞中烤鸭果木烧烤的味儿。

咖喱霸蘸了蟹

涮有两种，一种吃过的，一种是没吃过的。

这些天，我请朋友开涮。有澳大利亚黑边鲍、阿拉斯加帝王蟹和澳洲A5和牛，蘸料是泰式黄咖喱。

大家吃得大呼小叫：鲍鱼、螃蟹、黄咖喱太过瘾了，没吃过啊。

我怎么想起给大家这样涮呢？

十五六年前，农业部办公北区院内有一家"旺角渔村"，专营涮澳洲鲍鱼和和牛。涮罢，再用鲜汤煮面条，耳热面酣，心满意足离去。中午吃，不耽误时间，请客极有面子，能办大事。

三里屯对面，机电研究院内有"蕉叶"，红火时，店堂人声鼎沸。我去直奔"咖喱蟹"，这道菜让人又爱又恨：咖喱好吃极了，但你要吃咖喱，必须点一道咖喱面包蟹，价儿就上去了。面包蟹没有肉，两只蟹钳里有点肉，下手去掰蟹钳，弄的两手都是咖喱。为了吃咖喱，只能如此。客人心有怨言，又不得已，愿打愿挨。

一直到现在，我对这一道涮鲍鱼一道咖喱蟹，念念不忘。

涮鲍鱼极其鲜嫩，是澳洲鲜鲍最佳烹饪吃法，再配澳洲和牛，集鲜嫩肥香于一口，其组合登峰造极。咖喱蟹亦如此，咖喱挟持了面包蟹，这是世界上最好的咖喱菜，把咖喱的价值发挥到最大。咖喱面包蟹价儿高，一是味道确实美妙，另螃蟹也推高了咖喱的段位，这组合甚是奇妙绝顶。

我把这两样吃，给捏在一起。涮着吃，蘸咖喱。

先吃鲍鱼和和牛。鲍鱼吃鲜，和牛吃香。这是开胃菜。

阿拉斯加帝王蟹腿肉，在锅子里，稍煮断生，腿里肉一巴拉就脱下来，一大钳子肉，饱满蘸上黄咖喱酱，吃得都不说话了——真是没得说。嘎嘎嘎。

面包的女生味儿

有一只面包，在市场上卖了几十年，包装没变，酸味儿没变，果粒没变。如果有什么变化的话，只有时间变了，吃它的人变了。

这个面包由北京义利食品厂生产，叫"果料面包"。几十年过去，现在市场上还有，且还是那个味道的，怕是只有义利的果料面包。

果料面包好吃，它有一股酸味儿，酸味里面夹杂着蜜饯甜，像小女生运动后的气息。这种酸甜一直深深镌刻在这一代人心里。现在我还经常买来吃，像小时候一样，抠皮吃，抠蜜饯吃。面包就放在办公桌上，有时候顺手抠了吃，有几次，吃着这个面包睡着了。

北京侨福芳草地的意大利 Opera Bombana 餐厅，也有一款 Panettone（意大利水果面包），吃了让人叫好。

前两天总厨 Eugenio 来看我，给我带来 Panettone。总厨 Eugenio 和我说，面包用的天然酵母是 2006 年的母菌，是经过 3 次发酵过的面团。和中国的蜜饯不一样的，是 Panettone 里的橘子皮、柠檬皮、葡萄干用朗姆酒浸泡过。

传统的 Panettone 没有酥皮，Opera Bombana 的面包师将其改良了：将坚果磨成粉，混合蛋白液、白糖和糯米，刷在面包上再烘烤成酥皮；这个面包发酵的气孔有奶子葡萄粒大，极为松软，和面包壳的酥脆皮形成强烈的层次感；面包奶香浓郁，加上酥壳白糖粒的甜香，混合浓郁橘子皮香，吃过后，口腔里久留着甜适的香气。

在意大利，这款面包是圣诞节的食物，有很长的历史。

面包我都喜欢吃，尤其是有年头的。

帝王蟹的味道

秋天吃蟹正是时候，不用作诗、不用赏月，但是一定要和好朋友一起吃。

很多年前，估计是二十年前吧，我和袁姐（知道的都知道）去香港兴悦酒家，找刘伟良先生拜师学艺。

那天很早，我和袁姐提个点心匣子，坐飞机去。

和刘伟良先生并不认识，只是听说他做花雕蒸帝王蟹特别棒，没有比他做得再好的了，打听好地址，就生生地找了去。

到了香港兴悦酒家，和领位小姐说找刘伟良师傅，小姐通报了。刘伟良师傅还真在，我说明来意，递上点心匣子。刘伟良师傅很客气的，一五一十的，给我详细讲了做法。

讲完，我似觉不放心，非要刘师傅实际做一遍；无奈之下，刘师傅让总厨蒸了个蛋羹。

后来这道花雕蒸阿拉斯加帝王蟹，成了大董家的招牌菜之一。刘师傅在香港听说了，专程来了一趟北京，吃完后，说："教大董手艺，你要心态好，因为他会做得比你好。"

和朋友吃蟹的时候，我经常说起这事。能吃到这道美味，得感念刘先生。秋天帝王蟹特别肥，口感水嫩水嫩的，鲜甜。尤其是回味儿。

帝王蟹的荷尔蒙

帝王蟹 2/5

一直认为，涮帝王蟹的时候，粗实的蟹腿不怕煮。

前几天吃涮帝王蟹，日料专家"表姐"当场给我演示：涮蟹在刚刚熟时，她用小叉子一扒拉，蟹肉就脱落下来。

透亮洁白，饱含汁水，水嫩水嫩的鲜甜。

涮蟹的美妙，在于体会这刚刚好。

原来，煮蟹腿肉特别要注意时间，就是所谓的"火候"。这么好的感觉，还是依赖绝好的食材。

最好的帝王蟹，是俄罗斯的鄂霍次克海、堪察加半岛及附近阿拉斯加水域的"红帝王蟹"。

这种蟹体积硕大，体重有达 12 公斤的。得天独厚的冰冷和洁净海水，使得红帝王蟹口味绝佳。

我爱吃红帝王蟹，它是优质蛋白质。饱满的蟹钳肉，会让我想起红帝王蟹的螯足，蓄满着荷尔蒙的力道。

震撼了我的国

干餐饮 40 年了，今天第一次在家过十一。徒弟们能来的，女徒弟带着老公孩子来，男徒弟带着老婆孩子来。丈母娘给我系了个红带子，上面有"健康快乐，祖国万岁"，老丈人上了年纪，也笑模样地点头；孙女"董安安"有模有样地会挥手了；亲家母也来了，要是照个照片，真是全家福啊。

干餐饮服务的人，特别不容易，难得能和家人一起过节。平时工作，都是别人坐着，我站着，别人吃着，我看着。为了口气没有异味，回家休息一天也不能吃大葱、大蒜、韭菜、蒜苗等素五荤。

今天破例，为了庆祝 70 周年国庆，徒弟们强烈要求吃馅饼——吃韭菜馅的！嘎嘎嘎，韭菜馅饼太家常了，对于我们，却是天大的美味。大家一说吃韭菜馅饼，我也忍不住咽口水，我也想吃。想想可能有十年没吃韭菜馅饼，馋得慌。

电视机国庆阅兵，画面太震撼了。国歌激越，振奋昂扬，使人震撼；场面庄严肃穆，雄伟震撼；士兵踏下去的脚步，有力震撼。

韭菜馅饼、老汤炖羊膝，烤榴莲就着二锅头、威士忌，还有干邑、啤酒，怎么舒服怎么来，和着歌唱祖国的曲子，就这么震撼一次。吃一次韭菜是震撼和奢侈的，打一个嗝都想吸回来，不能浪费。

神级的"普宁豆瓣焗帝王蟹"

帝王蟹 3/5

去汕头多次，总能在饭桌上看见一碟豆酱。和北京的黄酱不一样，这种豆酱呈金黄色，味道也比黄酱温和，咸鲜带甘。

这就是大名鼎鼎的普宁豆酱，是潮汕地区的家居味道。能作蘸味，也可为调味。在"蔡妈妈"家，每次老人家给我做白切鸡、煮一些虾都会蘸豆酱。有一次 @好酒好蔡 和 @郑宇辉 带我去吃"会跳舞的牛肉"，也是蘸普宁豆酱。

普宁豆酱醇厚香甜，是亲和温暖的味道。汕头潮菜研究会的秘书长陈维斯讲起她自己在家里用普宁豆酱下菜，听着都有香味。豆酱是家常的，家家都吃。用它蘸鱼、蘸蛇肉、蘸牛肉，可以提鲜。也可熬煮蔬菜，如下茄子煲、下春菜煲。

潮汕一些店家会用豆酱加一些红椒丝、芝麻酱、花生酱、香油等去熬煮，各家配方虽各有侧重、各不相同，但归根结底都在追求一个鲜滋味。

用它做调味料，可以做蒸酱。比如豆酱鸡、豆酱蒸排骨、豆酱蒸鱼。用豆酱蒸鱼，鱼肉蛋白质混合豆酱蛋白质，亲上加亲，鲜上有鲜。

在张新民先生的"煮海"，吃到一款神级的原创，用豆酱焗的鱼，一想就会流口水。

我用此方如法炮制了"普宁豆酱焗阿拉斯加帝王蟹"。

"豆酱"，"焗"，"饱满的蟹肉"，"浓烈的锅气"，在这些标签下，我把持不住口水。

我还是交代给大家做法吧：

一、先炒个焗酱备用（也可平时拌饭吃）

1. 葱油烧热加干葱、香菜末煸香，下入豆酱炒香，加清汤、胡椒粉、白糖调匀。

2. 将汤汁收浓后加香油调匀即可。

二、焗蟹

1. 鲜活帝王蟹宰杀后，用炒好的豆酱腌 10 分钟。

2. 锅底加蒜油，将大蒜煸香，摆放好蟹肉和余下的酱汁，加入蒜油，没过蟹肉，小火焗，至成熟，控净蒜油，加青蒜粒，再大火焗香。

三、听锅里滋滋的焗油声，闻冒出的豆酱香味和蟹子鲜味儿。最后在锅盖上倒一杯广东米酒。

上桌。

嘎嘎嘎。

云蒸霞蔚帝王蟹

"花雕蒸帝王蟹"很难。蒸好这个蟹，要解决几个难点。

在去香港找刘师傅学花雕蒸帝王蟹之前，我已经研究很长时间这道"花雕蒸帝王蟹"了。不但我研究，连老婆"师娘"也一起和我研究；后来老婆"师娘"蒸蛋羹很有名气，还取了个名字叫"师娘蛋羹"。

师娘蒸的蛋羹很讲究，讲究蛋和水的比例，讲究火候，蒸出来的蛋羹，口感滑润，嫩软如怡。调上酱油和香油，是天大美味。

帝王蟹一年四季都可以吃，肉质极其水嫩，不存在火候难题。

花雕蒸帝王蟹有两个"障眼"的地方：一个是蛋羹要粉红色，这个谜团直到去找刘师傅学习后才解开。原来这个蛋羹，是用专门熬制的虾汤蒸出来的。说到这里，可能还没说清楚。熬制虾汤也要费周章：先把活虾用木锤敲成虾碎，再烧热油，炒出粉红色虾油后，加清汤熬煮。用这个汤蒸帝王蟹，才有那鲜亮的金红色。曾经有一个朋友也想学习这个花雕蒸帝王蟹，他整整实验了几年，不得结果，最后不好意思问我，才恍然大悟。原来，他也走了我曾经走过的弯路，一直寻思为什么蒸帝王蟹没有蟹油，总是怀疑是不是帝王蟹的品种不对。大家可能无法理解，这个师傅为什么不早问问呢。餐饮行业可以眼看，看到了，你就学到了，这就是偷学。但谁也不好意思张口问，尤其是很高级别的大师傅。我去香港向刘师傅学艺，是在琢磨了很长时间绝望后，厚着脸皮去的。可见学点东西很难。

还有一个障眼，是花雕的味道，也就是花雕酒的香味不完全是蒸出来的。花雕和蛋液混合在一起，蒸出来的味道并不好。所以只能混合一点儿，在蒸熟后，用喷壶再把那好花雕酒，喷上一些，这时候的香气才是正味。

这是一道几乎没有被批评的菜，除了有点贵。上桌的时候，要两个服务员抬上来，气势非凡。蛋羹香、花雕香、虾汤香、螃蟹香，香过罩油煮鹅肝，真是迷死个人。抓一勺，看，淡黄色蛋羹上，浮着一层金红虾脂，如晚霞西照，云蒸霞蔚，也像姑娘羞红的面颊，让人目不暇接。

妙味帝王蟹

山东菜里有一菜，老人儿都知道，姜汁比目鱼是也。如果是野生的比目鱼，浇上"姜汁"，就能吃出螃蟹味儿呢。

姜汁是梭子蟹的标配，蟹柳肥嫩，多汁鲜甜，黄如金粟，味如甘栗。蘸上姜汁，津津有味就又多了一个如醉如痴。

姜汁最容易调制，老姜嫩姜都可以，只是要刮去皮，剁成末儿；放在碗里，和酱油、米醋、香油、料酒、味精、清鸡汤兑在一起就可。这些调料居家常有，随手都能调出来，这就是家常味儿，随口，自在，亲切，有滋味。长年在外的人，也能做得；但回家一吃，滋味不一样，里面有家的味道。

我用帝王蟹做了一个煲仔饭，做法不难，想法难。砂锅炒姜茸，出香味，拌"五常石板米"，加二汤（头汤兑水熬制）煲饭；饭九成熟，下姜汁，放帝王蟹，盖盖儿，焖熟。

这个煲饭之妙在于，饭好吃到能出现幻觉，以为满满一碗饭都是蟹肉。米粒饱满，米香混合姜油，犹如帝王蟹蟹腿肉粒。

这是一款脑洞大开，随手偶得的美食。有一日，做葵花鸡饭，忽然，鸡没了，只剩下南姜汁煲的饭底，想想：可用这饭底煲个蟹呢。一试，真精彩。

生活中有很多这样的妙味儿，只做个有心人即可。

暖心的"明炉醋椒鳜鱼"

秋冬汤菜 1/4

团结湖店有一道特别受欢迎的"明炉醋椒鳜鱼",尤其是在秋冬季,半菜半汤,酸酸辣辣,热热乎乎。人少一锅即可,人多还可续汤。点上几个冷菜,来一锅"明炉醋椒鳜鱼",最后吃一只"酥不腻"烤鸭,真是应景的好饭。

"明炉醋椒鳜鱼"本是山东胶东味道。胶东渔家吃鱼很家常,打上鱼来,舀一瓢水,把鱼煮了,鱼汤熬白。放醋、胡椒,点上香油,撒葱丝、芫荽调味。

山东菜分为两大流派:胶东帮和济南帮。两个帮派都善用胡椒和醋。胶东爆炒类的菜,都会用上胡椒,也会烹上醋,用香油调味。葱和芫荽是规制,更是少不了。济南帮菜专有一个"醋溜"味型,以醋为主,咸鲜为辅,醋香醇和,开胃爽口。济南菜里,有很多"下货"菜,下货菜调味必用醋,再配香油、芫荽和葱,以掩盖其脏腥味。

"醋椒鱼"进了饭庄子,慢慢精细了。从海鱼变成鳜鱼。鳜鱼在北京是上等鱼,一般在大的席面才有。味道也定型了,成为山东菜里著名的"醋椒"味型。

"醋椒"味,要用二汤,汤浓太酽,盖过鱼鲜,不得法,用清水又不醇厚,口寡淡,没滋味。还有一法:将鱼略煎,沏薄汤,大火催开,旺火咕嘟,也汤白味鲜。

醋和胡椒,是这道汤菜的灵魂:醋不能多也不能少,胡椒也是如此,二者比例,用口味说,就是,微酸微辣,不是大酸大辣。喝在嘴里,要三口之后才能尝出酸味儿，三口之后，伴随着酸味，是胡椒微微的辣。然后，越喝味道越浓，越喝越有滋味儿。

喝醋椒鱼要烫口，所谓的"一热顶三鲜"是也。这句话在这个"醋椒鱼"里，再贴切不过。

为能让这个汤一直热着，一直烫口，我很多年前去张家港"幸运金属制品厂"，定制了一直使用到现在的明炉。

"明炉醋椒鳜鱼"是老百姓喜欢的汤菜，在大董烤鸭店销量很高。在饭桌上，它可以在任何时间段端上桌，在冷菜后，可以开胃，增进食欲；在热菜或烤鸭后，消食解腻，滋润胃口；在餐后，喝一口可以解酒。

天冷，可以没有大肉，不可以没有大鱼。有大鱼，一定来个"明炉醋椒鳜鱼"。老百姓的滋味是甜畅，是滋润。一锅烫口鱼汤，暖胃，暖心。

侉炖比目鱼

侉炖比目鱼也放"醋椒"，但比醋椒味儿轻柔，是暖昧的味道。

"侉炖"是鲁菜的一种炖法，归类家常味。山东人自谦：说话瓮声瓮气、直来直去，很侉。延伸到炖鱼，直接加清酱、葱姜蒜、醋、料酒，宽汤出锅。鱼吃完，下一锅杂面条，或蘸煎饼吃。

北京也有侉炖鱼，锅更大，汤收得紧。吃完鱼，汤没了。

鲁菜影响大，有北方代表菜之说。黄河以北，幅员辽阔，都是山东菜的咸鲜味。（近些年各省在搞风味特色，都说是独立菜系。至少三十年前不是。）

北京菜的组成复杂：满清的涮羊肉，蒙古的烤肉，清真小吃，南京或山东烤鸭。山东菜进京，成了北京的山东菜。"山东海参""山东丸子"，山东本地没有，北京的山东厨子做的而已。

山东烹饪协会说，大董是学山东菜的；北京烹饪协会说，大董是北京菜。我自己也傻傻的，说成是"大中国菜"，向全国师傅学习。

过去有八大楼、八大居，基本都是山东饭庄，服务官家商贾。其特色是擅于用汤，明于火候，选料讲究，刀工精细。

"侉炖比目鱼"是活化石，记载着鲁菜进京的信息，大董菜单上有。其做法是：比目鱼去骨，改成骨牌块（运刀加工，形如骨牌），用料酒、盐、香油腌，沾面粉（要领是边沾边抖落，不要沾上很多，吃起来利落），裹鸡蛋炸（须用柴鸡蛋，炸出来颜色金红）。

炖时用清汤。当年，我参加北京市"金龙杯"第一届烹饪大赛的时候，遇到了这个问题，汤不是太浓，就是太淡（汤为老母鸡调制，太浓酽，香气太浓；如果汤薄，又有寡味），突出不了比目鱼的"鲜"。后来，徐福林师傅指点，在寡淡清汤中，加瑶柱汤（瑶柱俗称干贝）即可。

徐福林是山东牟平人，北京出生，在全聚德干了几十年。山东菜朴茂，北京菜讲究，他都精湛。

用瑶柱清鸡汤，略炖。胡椒、醋、香油调味，比"醋椒"味儿少，要轻柔，轻柔到暧昧。然后码入"窝盘"，鱼上放眉毛葱、芫荽叶。倒汤时，拍勺扣住眉毛葱、香菜，不让热汤烫着。

看在眼里，鲜亮、精神。吃在口中，不是糊弄味儿。秋冬天，热热地喝，你能尝出暧昧的味道。

秋冬请苏东坡吃个汤泡饼

秋冬汤菜 3/4

多年前，团结湖烤鸭店一位后勤主管，打伙食饭时，见调料车上一罐酱，顺手抠了一勺。

过些天，又见他吃。对我狡黠地说："大哥，那个酱太好吃了。"

我装不知，说："哪个酱？"

他说："调料车里，一种海鲜酱，特别鲜。"

我故作惊讶："可不能随便吃啊。你知道吗，抠一勺酱，要十块钱呢。"他吓一跳，没了笑容："真的？"

"真的。"我也严肃说。

这是一段真实对话。一勺十元钱的酱是所谓的"酱皇"，叫"XO酱"。

北京炸酱是给猪肉立的牌坊，"XO酱"则是给瑶柱竖的丰碑。

苏东坡对瑶柱情有独钟，作诗云："似闻江瑶斫玉柱，更喜河豚烹腹腴。"并注："予尝谓，荔枝厚味高格两绝，果中无比，惟江瑶柱、河豚鱼近之耳。"

我曾尝极品瑶柱，香而鲜，鲜而酽，酽而醇，醇之极美艳。始觉东坡推崇江瑶柱，盖其可自成高格，又可成他味之美。

从"XO酱"之用料，可见一斑：瑶柱泡发后搓丝，火腿蒸透后切粒，大地鱼、海米、青红椒粒、干葱末、蒜蓉、野山椒碎、辣椒碎。历史上和"XO酱"有一拼的，唯红楼梦大观园的"茄鲞"。

"XO"酱可以做很多菜式：高档可焗龙虾，一般也可炒蔬菜，更可以摆在桌上当味碟——当年大酒楼里，一碟要价就是十块钱。

若用"XO 酱"煮个汤，泡了饼，会是啥味道？

须用"二汤"，定要"明炉"。火一直开，汤要烫口。饼是半发面的"螺丝转"，两面煎出黄脆的皮。抖落开，先是面香，汤一浇上，腾出的热气里，瑶柱、火腿、虾子混合干葱、蒜蓉、小米辣的香，"满汉全席""上八珍"的鲜香或许也比不上。

饼泡在这汤里，要软才软，想脆正脆。真真切切，想请东坡喝这秋冬季的好汤口，泡个饼。

寒

露

北京人的味道

芥末 1/2

忽然想给北京人定个味道。

北京人是啥样呢？怕是问一百个人，有一百个答案。简单一点，北京出生的人，气质是啥样子。

小说里，骆驼祥子和虎妞儿算是，老舍也算吧。葛优和王朔算吗？写得一笔好字的徐静蕾应该是。

皇城根人，有一种油渍麻花的爷腔，骂起人来不吐核儿。我喜欢王朔的作品，也学他的腔调，可惜学不会。又有胡同生活，闲适惬意，大夏天光着膀子乘凉，盛产"膀爷"。家住二环以内的，开发商拆不动。大伙跟吃了凉柿子一样，踏实着呢。

我认识的美女，有几个是北京人。比如唱歌的叶蓓，还有尹伊，还有一个徒弟媳妇，都长得漂亮，一个个性格直爽，不端着不摆着，能说能笑能喝酒。徐静蕾是北京的茉莉花香，许晴是北京秋天熟透的柿子，柿子里的小舌头充满甜蜜的诱惑。王朔说，这些女生味儿，不可言传。

有一道，原汁原味儿是北京菜——芥末鸭掌。世界上叫芥末的有三种：辣根、山葵、黄芥末。只说黄芥末，原产中国山东。山东人把芥末味道带到北京。北京从有烤鸭就开始剥鸭掌，全聚德、便宜坊剥鸭掌有几百年了。两厢合一起，就有了"芥末鸭掌"。

芥末鸭掌好吃不好做。纯正好芥末，市场上不好找。

北京当年，有一个"34号"是特供商店，大饭庄子都从那里进货。2000年前后，"34号"撤销搬走。知道他家芥末地道的，还千方百计找上门去。发芥末要控制好温度，夏天泡，不要开水。冬天把沏好的芥末，放在热地方，暖气上或火炉边。

芥末发好了，调芥末汁。用米醋澥开，加水，滤掉泥沙。加北京金狮酱油、香油、味精、料酒、盐，把味儿调正。

鸭掌要现剥现吃，鲜鸭掌是黄色的，这样的鸭掌有油香。剥鸭掌是手艺，一般都是大姐干，时间长了，她们一边聊天一边剥，眼睛是不看的，但剥下来的鸭掌个个整齐。

吃芥末鸭掌有个技巧，不能鼻子、嘴都张着，那样芥末直来直去冲鼻子，眼泪一下就下来。要用嘴喘气，肯定没事。芥末汁很辣，一不留神，上了脑门，就是醍醐灌顶了。

会吃的人上瘾，稍微呛一下，打个喷嚏，像鼻烟。过瘾，爽。

烤鸭店的师傅，还带我们吃烤鸭蘸芥末，与烤鸭蘸酱裹葱，是另一个味道。

秋冬，北京人吃芥末白菜，还有芥末肚丝。芥末，北京人戒不了。

我吃过法国的第戎芥末。波尔多有专卖烤牛肉配芥末汁的。芥末汁用奶油和柠檬调过，温和有奶油味，和法国人的性格差不多——不如北京芥末有劲儿。

菜有酸甜苦辣咸，人分生旦净末丑。一个芥末，就能五味杂陈，配上五脊六兽，吃出眉眼高低。

看乱子草，喝有色彩的汤

寒露前，大董工体院里，乱子草正粉嫩得开。看着迷人的粉，就想喝一口有颜色的汤。

一说俄罗斯，总感觉战斗民族很暴力，其实俄罗斯很美丽。

法国三大美食，黑松露、鹅肝和黑鱼子酱里，俄罗斯贡献了其一。

法国菜现在浪漫了，历史上相当粗糙。十六世纪，意大利凯瑟琳公主嫁到法国，将意大利美食带到皇宫。后在路易十四、路易十五的推崇下，法餐成为高雅隆重艺术。

德国艺术巨匠歌德说，拿破仑的铁蹄征服了欧洲所有郡主，法国厨子征服了所有人的胃。

倒是俄罗斯菜里，有很多好吃、漂亮和美丽的美食。

北京五十年代的莫斯科餐厅，以其华丽、高贵和异域文化色彩给那一代人留下了无穷无尽的回味，去"老莫"吃西餐充满荣耀感，"老莫"简直在给北京新兴的青年贵族进行精神上的授勋。

在老莫，谈恋爱和读诗，要喝红菜头番茄浓汤。红菜头汤和布拉吉是时尚青年的向往。

几十年过去，我还是喜欢红菜头番茄浓汤，红艳的汤色，火烈，热情，振奋，有色彩的张力，让人澎湃。

我在哈尔滨波特曼西餐厅学的"莫斯科红菜头汤"。师傅教得很仔细：

1. 黄油炒洋葱、圆白菜、胡萝卜、西芹、番茄丁出香味，下番茄酱炒香，放清水，烧开后，放土豆丁，熬 30 分钟。

2. 熬煮一半，加清汤，再煮 30 分钟至深红色，加白糖、盐、胡椒粉、黄油炒面，出锅之前加蒜末。

3. 待汤汁晾凉后加紫菜头调色，把菜料篦出，出汤。

4. 出餐前加热，调入酸奶油。

我做红菜头番茄浓汤，把番茄的瓤挖出来，番茄的瓤，平时不惹眼，这时在洁白餐盘上，晶莹剔透，似是宝石璀璨。一波浓汤红绸，是深秋最浓景致。

秋日喝番茄浓汤，看乱子草粉华，若天高云淡，虽繁花，心可恬雅。

景点式餐厅，法国第戎芥末牛排馆

芥末 2/2

法餐黄芥末酱和中餐的黄芥末酱，加工有区别：中式芥末酱是焖发，芥末粉加热水，盖盖儿，放置温热处，控制好温度。温度和时间，决定芥末的辣度。然后加各味调料，以醋、香油和盐为主，这更像手艺。似乎中式芥末酱，只用在冷菜中。法国黄芥末酱是上火熬煮出来再发酵：

1. 大蒜末、洋葱碎、白酒、醋和盐、糖在锅中熬煮后，过滤，出汁。

2. 在汁中加芥末粉、芥末籽、白胡椒粉混合拌匀并封盖，常温保存1-2天。

3. 把芥末酱倒在一个锅里，加一点水，小火煮并充分搅拌，至粘稠。

4. 将芥末酱倒入玻璃罐，常温存放1周的时间，就可以了。

第戎芥末酱有名是有勃艮第盛产葡萄的优势。在第戎，调制芥末酱自然会用上白葡萄酒。芥末酱是快消品，葡萄酒供不应求，退而求其次，酸葡萄汁成为不二之选。酸葡萄汁有浓郁果香，芥末酱之味口感更加丰富。第戎芥末一如法餐的温和，在芥末酱中调入蜂蜜，抵消芥末的苦味，像调和威士忌一样，芥末酱圆润、饱满、有花香。当高级黑芥末籽遇上勃艮第葡萄酒，发酵后融合荷兰芹、罗勒、虾夷葱，柔和的法国 Maille 第戎香草芥末酱就诞生了。

2013年我和徒弟们、一行朋友去马爹利酒庄，顺道去了第戎特有名的烤牛排馆——RESTAURANT L'ENTRECÔTE。

这是世界上只卖一个套餐、一个味道、三道菜品的餐厅：蔬菜沙拉，秘制鲜嫩牛排，冰激凌。这个餐厅还很大，能容纳200人，却只有5个厨师。这五个厨师像在流水线上干活：一个人做一个味儿的沙拉，一个人煎牛排，一个人装盘，一个人浇芥末汁，一个人抠一个味儿的冰激凌。

吃牛排像中国的流水席，服务员把这几样菜端上来，客人吃下去，撤下残羹剩饭，擦一下桌子，紧接着下一波客人，坐下，重复这一套菜单。

这家牛排馆是"景点式"餐厅。客人来这里只为打卡，见过比吃好更重要。

"景点式"餐厅，是餐馆经营的一种业态，是最高境界。有一道本土风味菜肴，有稳定货源，加工烹饪以及味道都是标准化。最牛的是，全世界各类民族都能吃，吃了还没意见，吃了还想再来。

只是这家的牛排不只是传说，是真的好吃。

牛排鲜嫩肥香，一口进去，嘴里充斥着多种层次的味道与香气，浓浓的黄油香，微微的大蒜、罗勒香和牛肉在嘴里拍拖，只有感叹。

这是我这一辈子的梦想。

全世界最好吃的腊肠，叫东莞爆浆肉蛋

哈尔滨朋友带来松仁小肚和红肠。

这些年吃过无数香肠。中国的，外国的，大都忘记。小时候吃的北京粉肠，虽难忘味道一般。

有一年去二连浩特，有手把肉、黄油砂糖和粟子混在一起，手抓着吃。还有一盘子黑乎乎的血肠，印象一直完整。

北京有一个羊霜霜，算不算是香肠？问过美食家 @冯恩缘先生，他说不算。倒是内蒙古的血肠算是。还有新疆哥萨克的马肠，这些我都不敢吃。

哈尔滨香肠好吃，据说延续了德国的生产工艺，肉块又整又大，烟熏味浓。

四川香肠，有强烈的地方印记，麻辣腊香。我曾用它做过煲仔饭，加一些土豆泥和芝士，好吃得不行。

这些年吃了很多广东腊肠，到现在只吃沈宏非先生介绍的，他的东莞"宝贝"。

东莞腊肠，肥瘦五五开。肉要浸熟，拌山西汾酒，埋入白糖作"冰肉"，约一天。切成黄豆般肉粒，调精盐、白糖、生抽、山西汾酒拌匀，又至少八小时。

然后风腊，待以上两种肉粒腌透后，用炭火焙稍干，再晾晒七天，以肉肠变硬为度。

东莞腊肠让人迷醉到啥样呢？且听大美食家沈宏非先生高论："当这粒饱满的肉弹在口腔里迸裂，击中你味蕾的不是一颗普通的子弹，而是一颗邪恶的达姆（dums，俗称"开弹"或"入身变形弹"），一时间，酒香、肉香、脂香、酱香，各种魅惑各种香，从四面八方喷薄而出——让肉弹飞！……这刻请任由脂肪以喷射的形式放纵地冲激你的口腔和神经，然后屏住呼吸……"

我把沈爷推荐的"东莞爆浆肉蛋"，和北京的酸菜煮在了一起。肥香到爆浆时，北京酸菜让这一瞬迟滞了，这就是酸爽两重天。

"东莞腊肠"属粤式腊肠里的异形版，味荤，形也荤。长得就比普通腊肠粗且短矬，成人拇指大小，更接近于一坨圆咕抡敦的小肉弹。长这个枣模样，主要是为了晒干，全方位地受光受热。

我喜欢这样让我迷醉的"短"。

最好的鸭汤是跨界人做的

全聚德有一"名菜谱"：用一只鸭身上的各个部位，做出上千道美味鸭馔，名曰"全鸭席"。

如鸭舌，可作"卤水鸭舌"，可分东南西北，南味儿的是"白卤水鸭舌"，北味儿的是"酱鸭舌"，东边做"糟鸭舌"，西有"麻辣鸭舌"。春天有"炝鸭舌"，夏天做"水晶鸭舌"，秋天是"桂花鸭舌"，冬天成"风鸭舌"。鸭舌做"茉莉银耳鸭舌"，典雅；和鸭胰、鸭掌、鸭膀合成"鸭四宝"，烩"鸭四宝"汤，口味爽利，酸辣适口，过去梨园人士好这口。

鸭舌里面有一个"舌心蕊"，白似脂乳。将每个鸭心蕊细心剥出，五个一起，做成梅花星状，配燕窝，名曰"飞燕穿星"。四十年前是大菜，周总理宴请基辛格时喝过。

有一年王世襄和启功先生，去团结湖烤鸭店吃饭，吃得兴起，王世襄先生问我，"全鸭席"都会做吗？我使劲说，会做。王世襄先生点头说好。沉思一会儿，问我，全鸭席都有什么主要菜？我一一作答。又问，鸭蛋做了什么菜，我心里一惊，说："听说可做鸭蛋羹。"王先生点点头，再问："鸭油呢？"我没有作答。王先生自言自语："鸭油做家常饼，最酥香。""鸭架最好，熬汤，汤醇厚，如西施乳，气质圣洁。"老先生兴致盎然，"鸭汤一年四季，配味是'眼'，春要黄瓜，夏有冬瓜，秋用'霜菜'，冬的黄芽"。这么多年我没喝过一碗好鸭汤，因为鸭架子都让客人要走了。去年，我在上海邵忠先生的 Modern Art Kitchen 餐厅里，喝邵老板亲自设计的"邵式鸭汤"，大为惊讶，因为这个鸭汤，是王世襄先生说的那个"味儿"。

当然，现在市面上最红火的是麻辣鸭脖。

红花汁豆腐，最失败的产品营销

孔圣人一句"食不厌精，脍不厌细"，给自己吃的菜定了调。山东曲阜的孔府菜，是圣人的家常菜，也是官府菜。

北京谭家菜是官府菜，取料上乘，选料精致，用料得当，火候严谨。谭家菜特别讲究制汤，所谓"无汤不成席"，最有名的是"金汤"，金汤是谭家菜的招牌。做金汤，讲究用北京的"五趾"油鸡。除此还要专人把持。谭琢青的三姨太赵荔凤，专司其味。其汤，浓而不稠，酽而不臭，香有奇美，其色华丽，美艳如金。"金汤"一代代传下来，到了第四代传人，是北京饭店的大师傅，陈玉亮先生。当年，在龙潭湖畔的"京华名厨联谊会"，陈玉亮先生教过我金汤和他的拿手菜"黄焖鱼翅"。

2000 年前后，我把这道"黄焖鱼翅"加到团结湖烤鸭店的菜单上，当然我做了一些创新或者叫改动，用藏红花汁取代了一部分黄鸡油。大美食家王仁兴先生给了肯定，说是"含浆滑美"。一时宾客争相来尝。我想如此金汤多娇，要让更多百姓尝到，才是真正全心全意为人民服务。我一不做二不休，用这"红花汁"，做了它的姊妹版本——"红花汁南豆腐"。豆腐切得像是薄纸，豆腐和红花汁一相遇，那真是胜似人间无数，又便宜又好吃，引得一些老饕也改弦易帜，请客都说，大董有一道用"鱼翅汤"做的豆腐。一时间"红花汁豆腐"成了吃鱼翅客人的心头好。

这道"红花汁豆腐"，让原来吃鱼翅的客人花了豆腐钱，有了请吃鱼翅的面子。可团结湖烤鸭店的营业额一下子少了不少。当然，不知道这个故事来由的人，还是觉得"红花汁豆腐"价格高，埋怨道：吃个豆腐这么贵。

我心说，吃豆腐占了便宜，还嫌贵。

吃"得月楼"蟹宴，是金秋景致

说隔行隔山，其实在一个行业里，还有细密分支，之间也隔沟壑。比如餐饮行业，北京厨师说四川菜如走蜀道，对粤菜、扬州菜的认识，大概停留在书本和道听途说。全国各江河流域都有大闸蟹，传说故事基本以苏浙为核心。北京起了秋风，苏州的蟹脚还没痒。从入秋，有朋友寄来大闸蟹让我尝，热情浓烈，蟹香不足，这一阵的大闸蟹大致如此。

餐饮行业里，有很多专家，比如，专门做大闸蟹的 @成隆行老柯做大闸蟹养殖、销售，又做酒楼，上海的成隆行大闸蟹酒楼，今年又拿了米星。@老柯能感知大闸蟹每个阶段香味的细微差异。他除了自己天天吃，逼着厨师长也要天天吃。他说，只有天天吃，才能知道每天的变化，每天的香味才不一样。我见过老柯挑蟹，闭着眼睛区别公母。我一直催着老柯给我供蟹，他总是说还不到时候。这两天，老柯说，差不多了。

吃饭这事，要听当地人讲故事，还要谦虚。吃大闸蟹当然听苏浙人说。

阳澄湖坚持到 9 月 23 号才开捕，公蟹平均四两五，母蟹三两五。巧了，今儿苏州得月楼的老板林冏总寄来真正的阳澄湖的蟹。

对得月楼颇有好感。有一年，林冏父亲林老和华永根先生做苏州蟹宴，沈宏非带我去品赏，犹记秃黄油炒虾仁，虾仁粉嫩嫩，蟹油红亮亮，蟹膏晶莹莹，蟹黄金艳艳。那是近农历十月，秋风正烈，母蟹黄满肥香，公蟹膏正初盈，蟹白如玉，仓仓厚实。百花过了花头，菊花正开。席间有评弹，低吟浅唱，抑扬顿挫，蟹宴味浓。

今林冏总送蟹来，吃美味，想好人，是金秋景致。

北京秋天，无阶级的糖炒栗子

北京的秋天，是从胡同里飘出糖炒栗子的焦香味儿开始的。

很多地方都有板栗，我却认怀柔板栗。一个朋友，家住怀柔。某年秋天，我去他家，看"远山秋叶如画，红树间歇黄"，风景有王维诗词气象。

黄色的是他家的栗子树，树叶黄得明亮，透过叶子间隙，看见蓝色的天。树上是一簇簇的栗蓬，树下很多摔开嘴的栗蓬，披着麦芒样的刺儿，露出深褐色的栗子。

朋友在他家院子里炒栗子：大柴锅里的石子是从山沟找来的，像玛瑙一样；烧热锅，炒热石子，用铁铲翻；时不时倒点自家的枣花蜜，有焦糖的味道；铁铲翻锅底，哗啦哗啦。香气飘出院外。

小街桥十字路口西北角有一家干果店，秋天糖炒栗子上市后，时时见排队的人。风和日丽时，静静地看手机，或有一对儿悄声说话；数九寒冬，头缩在棉猴里、围脖里、跺着脚，也是不急不躁的。

栗子好吃，能做很多菜：栗子焖鸡、栗子扒白菜、罐焖栗子牛尾，还有把栗子做成糖水的，西餐更是肆无忌惮：栗子蒙布朗、栗子蛋糕、栗子包、栗子慕斯。做个浓汤都是秋天的甘甜，喝过栗子浓汤就知道。

我还是喜欢糖炒栗子，排队的过程最过瘾，挪着脚，咽着口水。看大街上，电车还拖着电杆儿走，车里的人在看排队买栗子的人，溜达的青年挂着白色的耳机，手里翻看着屏幕。大户人家这时候没有了老百姓的自在，只能打发家里人出去买回吃，这味道可就不一样了。

糖炒栗子，没有随着城市的发展消亡，倒是日久味儿浓，深入人心。不只是味儿香甜，还有夕阳下的街景，在老百姓舌尖上的情感投射。那股诱人的焦糖味香甜，让糖有了美拉德反应（法国化学家美拉德发现氨基酸和糖在高温下产生独特的色泽与香味），人的反应更强烈，这反应是快乐和幸福。

周作人曾说："无论平民百姓还是王公贵族，都可能被这种历史悠久的'闲食'所吸引。是美食，但价格低廉，大都消费得起；更重要的是，此物'吃相'不难看，'气味'也挺优雅。"

糖炒栗子人人可食，它消灭了阶级。老百姓和大户人家，都把它当作闲食小吃。唯有这时，栗子平视了山珍海错，把社会平等了，不分"上流"和"下流"。

秋冬至景，板栗"甘"味

　　糖炒栗子是什么"滋味"？大家都能说出一二三。若只用一个字，说出糖炒栗子的"滋味"（这里强调"滋味"，这个字兼顾"滋"和"味"），怕是不容易。

　　滋味，滋和味。滋，牙齿咀嚼食物的感触。味，舌头感觉食物的气味信息。滋是物理的，与唾液搅拌，一点一点浸润。味是化学的，唾液产生淀粉酶、溶菌酶和粘蛋白酶，使味蕾有了味道的感受。

　　滋最早的意思是把丝织品放在水中浸泡、变软，浸润上颜料。类似于泡发山货海珍。古人认为滋是补益的途径，故有滋养一说。因此，滋也可以理解为健康、有益。

　　味很形象，指尚在嘴中，还未吞咽下去。味包括美味，也包括败味。既有五味调和，也有食不甘味。好吃的，就说有味儿；不好吃的，就说没有味儿。

　　滋和味，可以简单理解，对应着"健康、好吃"。大董"酥不腻"小乳鸭，酥是指好吃，不腻是指健康，里头有滋味的精髓。小乳鸭要发布4.0版，这个滋味的精髓仍是一以贯之的。

　　单一滋有很多，如：软、糟、烂、面、坚、硬、艮、坨、韧、干、柴、脆、焦、酥、碎、泡、蓬、松、紧、黏、宣、康、塌、沙、粉、糯、皮、老、棉、水、甘、滑、愣、润、噎、腻、生、糊、劲、涩、烫、化、融、怡、弹，台湾词"Q"、四川词"粑"。单一味有酸、涩、甜、苦、辣、辛、腥、膻、臊、恶、臭、咸、鲜、香等味。

　　一般食物的滋味，很难用一个字概括，只有糖炒栗子能用一个字将质感和味感表达出来。这个字是"甘"。

曾经，我和一些朋友解构栗子的滋味：有人说，栗子是沙的，好像不太准确，沙的口感是细细的颗粒，比如沙瓤西瓜；有的说，是糯的，也不太准确，糯的口感是软而黏，比如粽子；有的说是面的，更不对，面是软而柔，比如"香蕉苹果"；确乎只有"甘"字，能表达栗子的质感，任何字都替代不了。

古人造字，舌上有食谓之甘，甘是一切食物的中正之味，如甘草，淡淡的香甜。从科学解释，这是因为唾液分泌淀粉酶将淀粉转化为糖。甘之更甚，就谓之甜了，造字上又加了个"舌"，表明舌头充分搅拌，则能体会到甜味。科学家证明，能感受到甜的味蕾主要集中在舌尖。

糖炒栗子的质感和味感，用一"甘"字，足矣。它没有那么甜，有一种君子恬淡之风。质感上也有"肥甘厚实"的咬劲，带着植物果仁特有的香气。有时吃鲍鱼能吃到这种甘味，必属上品。人们命名一种香味为"板栗香"，就是为这种平淡中正的甘味所吸引。

淡淡的甜，不会甜到腻，这是"甘"的本质。对于糖炒栗子，这是一个精准的描述，也是奇妙的。

栗子之甘，奇妙，不止妙哉甘字，载滋味两意；更因栗有甘味儿，大众喜食。甘愿在瑟瑟秋风中，成为秋冬一景。

时令珍馐，苏州"三白"和"三秃"

今秋，上海 10 月 17、18 日，北京 10 月 21、22 日，深圳 10 月 26、27 日，飨赏苏州真味"三秃"和"三白"。

美食文化大家华永根先生为飨赏北京、上海、深圳名流雅士，特提前一天检视准备工作，再做"三白""三秃"讲谈。

华永根先生随行"江南雅厨大师工作室"大厨，做三秃、三白试赏。

三秃中"鲃鱼肝"赛过肥鹅肝，直逼黄油，滋味无与伦比，可遇不可求。我感叹：赏求此味，唯有苏州。为出席大董品鉴会的各界人士庆幸，有此机会分享苏州美食文化精粹。

下为华永根先生说教录音整理：

三秃对应三白，三秃是贵，三白是鲜。

三白，即用白虾玉、蟹白玉、鱼白玉合做之菜，为秋日水中精品，其菜可称有鲜中又鲜的味道，是不可多得的一款菜品。虽然是像西餐沙拉一样，但是这个菜在我们苏州是古老的菜，这个菜叫蟹胥，最早流行于汉代，蟹胥是文化人的讲法，用老百姓的讲法叫蟹酱。

三秃，秃是"独"的一种说法，三秃即是用蟹黄、蟹膏、鲃鱼肝三样合炒的菜品。秋冬的大闸蟹、鲃鱼都是名贵食材，此菜精取蟹膏、蟹黄、鲃鱼肝为三秃（独用）食材，为贵中之贵，菜中顶级名品。

苏州人每到金秋季节盼吃三样东西，即南塘鸡头米、清水大闸蟹、桂花鲃鱼。丹桂飘香时，太湖中鲃鱼像花团锦簇一样，在水面上翻动。桂花落后，此鱼会跑得无影无踪，因而此鱼时令特色强，十分名贵。旧时此鱼都是野生的，来时有声去无声。

这次品吃告诉大家，这三珍材悉数到场，经大厨之手佳肴频出，可遇不可求。

三秃，三白，一个贵，一个鲜，在苏州都是顶级食材。以前这些东西，都是乡绅大户人家不计成本根据自己的喜好，让自己家的大厨精心准备制作的。

也有一种说法，在清朝的时候，有这样一个故事：石家饭店请一些乡绅和名人品尝这款鲃肺汤，席间有人提出鲃肺汤有腥味。这个鲃鱼肝很鲜美，但是处理不好就会很腥，这时一个乡绅的小妾说：我曾经做过这个鱼肝，这个鱼肝做之前一定要在花椒水里浸泡一段时间。那个时候的花椒水我们称之为木须水。老板就按照这个方法把鱼肝在木须水里浸泡，确实解决了腥的问题。在苏州流行这样的一个故事。

这个小妾呢，就是苏州红馆过去做苏寓菜的。做苏寓菜的人很高贵，一般都是大家闺秀。家道沦落后为生活所迫，料理烹饪。她们通常是琴棋书画，样样精通，你说出上句她能对得出下句。可以跟你聊天，可以给你讲书法，可以跟你讲诗词，所以她做出来的菜就很讲究。但是我们考察下来，最终还是苏州气派比较大的，是大户人家做出来的东西。

烤鸭 4.0，只为一个问

　　大董今天在上海丁香店，发布了"大董'酥不腻'烤鸭 4.0 版"。就是香茅味儿的小雏鸭（小乳鸭）。

　　两年前，有一个朋友问大董，北京烤鸭和广东烧鸭，谁好？本来这不能去比较，就像你问南方人好还是北方人好一样。这样一个问题，给了大董一个思路，把广东烧鸭的味道嫁接到北京烤鸭上，让北京烤鸭有味道。

　　思路有了，方法很简单。大董和他的团队曾经去广州白天鹅宾馆学习香茅烧乳鸽。所以把香茅烧乳鸽的工艺，借用到大董"酥不腻"烤鸭上就可以了。

　　广州白天鹅宾馆玉堂春暖的利师傅有一道招牌菜，就是香茅乳鸽。这道菜是在传统烧乳鸽的基础上，加大香茅的用量，突出卤水中香茅的味道。香茅烧乳鸽，滋味醇香厚朴，有清新典雅气息。是广州白天鹅宾馆的一道特色菜品。

　　北京烤鸭一直运用"外烤里煮"工艺，使烤鸭达到外酥里嫩的效果。在这次版本升级中，将传统"外烤里煮"工艺结合"利老"香茅乳鸽制作方法，经过两年多、几十次的试验，找到了最佳的工艺结合点，大董"酥不腻"小雏鸭香茅草味道 4.0 版本终获成功。

　　1. 烤鸭是北京的一张文化名片，自 600 多年前《齐民要术》中"炙鸭"《饮膳正要》之烧鸭，至清代，"京师美馔，莫妙于鸭，而炙者尤佳"，烤鸭不断推陈出新，烤制工艺不断完善，日臻成熟。在上世纪六十年代后，形成"外焦里嫩，肥而不腻，色泽枣红，肥香怡人"的风味特色。这个时期的北京烤鸭已经逐渐定型，成为具有地方特色、个性鲜明、技艺完整的北京风味佳肴，是北京及国家招待外国来宾首选国宴主菜。周总理特批，在和平门东南角，建世界最大单一特色菜肴饭馆——和平门全聚德烤鸭店。北京烤鸭也为这一时期的中国外交工作做出极大贡献。

这一时期有一个师傅必须要大写特写，他就是北京九华山烤鸭店的董事长总经理王秋生先生。王秋生本来是全聚德烤鸭店烤鸭厨房的总厨。在上世纪八十年代下海经商浪潮中，王秋生组建了自己的烤鸭店。王秋生先生的烤鸭使北京烤鸭皮脂更厚，鸭体饱满，烤鸭更加丰满圆润，香美可口。成为烤鸭界新的方向标，受到社会美食朋友的追捧。王秋生的功绩是烤鸭理念的开放，就是烤鸭可以不断进步，可以不断完美。

2. 1995 年左右的大董烤鸭店还是沿用传统烤鸭工艺，在北京烤鸭行业排序中处在四五名的位置上。大董是团结湖烤鸭店的经理。这时期已是改革开放的第十个年头了，一部分消费者开始注重食物的健康和营养。在经营中，他发现来烤鸭店消费的北京人，对北京烤鸭多有微词，认为北京烤鸭皮下脂肪过于丰满，不利于健康。学过 MBA 的大董立即意识到，市场消费在发生变化，消费需求在上升。传统食品应保持特色，也应做精品。经过四五年的努力、上千次的试验，研究出北京烤鸭的 2.0 版本——大董"酥不腻"烤鸭。它和传统烤鸭有了非常明显的品质差异。"酥不腻"烤鸭，是新旧烤鸭的分水岭，从此北京烤鸭走上了一条新的发展之路。"酥不腻"烤鸭，酥而不腻，低脂少油，果木烧烤浓郁，是符合当代消费需求的健康新美食。为此，美食大家王仁兴先生为大董"酥不腻"烤鸭作文以记之：

《齐民要术》之炙鸭，开中华烤鸭之先河；《饮膳正要》之烧鸭，启北京烤鸭之源流。迄至清代，京师美馔，莫妙于鸭，而炙者尤佳，乃北京菜市口米市胡同之金陵老便宜坊是也。民国以降，便宜坊、全聚德、天意坊、福全馆，焖炉挂炉，日日争辉。惜！烤鸭虽为京都珍味，七百年来皮腻相伴而尝为厨者食家所憾然矣！五年前，团结湖北京烤鸭店大董先生，攻古今制鸭之方略，研京菜发展之要义，修契制轨，融汇众美，终就"酥不腻"烤鸭。继出"红花汁鳖肚公""董氏烧海参"凡百余种。四海鸿宾，八方食圣，皆道大董肴馔，滋味芬芳，含浆滑美，古典朴茂，时尚隽雅，诚为中华美食之至味也。

公元二〇〇一年八月十六日暨旦

这一版本烤鸭一经推出立刻受到全国烤鸭界的高度关注，大董"酥不腻"成为烤鸭的新标准。供应鸭胚的供应商纷纷自称为"酥不腻"烤鸭专用鸭胚。各烤鸭店都将原宣传口号改为"鸭皮酥脆"，以表明和大董"酥不腻"烤鸭齐名。

3. 大董"酥不腻"烤鸭 3.0 版本。在烤鸭行业工作几十年中，大董对北京鸭的品种，已经是了如指掌。北京白鸭是世界上鸭肉最为肥嫩的肉质，比中国湖鸭及进口国外白鸭口感、香美度高出 27%，即使如此，大董觉得北京烤鸭还有完美空间。

六年前，大董去给他供应鸭胚的金星鸭场，大胆提出一个设想，可否使用生长期只有一半的小雏鸭（小乳鸭）烤制烤鸭？在场的鸭场领导大力支持，随即进行一系列的饲料配方、填饲试验。在试验中发现小乳鸭过于稚嫩，去除鸭毛时，机器会将鸭皮表层蜡质破坏，只能改由人工去毛。这样增加了小鸭胚的成本。

解决了小雏鸭的鸭胚问题，接下来的烤制试验，同样是一波三折，开鸭、烫胚、晾胚、烤鸭、片鸭、装盘，问题一个接一个，大董就一个接一个解决，解决问题的方法只有一个，就是自信和坚持。当小雏鸭烤鸭试尝的时候，大董和鉴定的老师傅、行业专家、美食家惊讶了，因为小雏鸭的鸭皮更厚实，鸭皮更酥脆，鸭肉更鲜嫩多汁。

小雏鸭推向了市场，大获成功，得到的行业好评及顾客的欢迎程度，超过预期。现在大董要限售小雏鸭，因为全手工生产，鸭胚供应不能得到全部满足。

大董在不断创新，以不断创新产品和不断推高产品的品位，作为企业的核心竞争力，对全行业起了推动和示范作用。烤鸭行业的烤鸭品质一直在瞄准大董，不断进行升级。

大董"酥不腻"烤鸭的美誉度及小雏鸭更高品位，到大董宴请和品尝的嘉宾接踵而来。

到大董品尝美食，成为到访北京的外国政要在京活动的重要行程。

一段时期，北京人说烤鸭太肥腻，远离了烤鸭。现在大董"酥不腻"烤鸭，让北京人唯以骄傲、喜欢，成为回头客，成为北京人请客的首选，大董是北京美食文化的名片，是北京人的面子。

2017 年北京市烹饪协会授予大董为"北京烤鸭（挂炉）代言人"，以表扬大董推动北京烤鸭的不断发展，以及将北京烤鸭推向国际市场，扩大北京烤鸭国际影响力和美誉度所做出的巨大贡献。

大众点评根据大数据计算，大董是好评率最高的北京烤鸭高档餐厅，连续两年根据大数据和匿名美食评委的评级，授予大董工体店北京唯一"黑珍珠"三钻餐厅。同时携程美食林也授予大董工体店为北京唯一"三星"餐厅。

4. 小雏鸭（小乳鸭）成功了。小雏鸭还能再登高一步吗？能。在大董的思想里，就没有"不能"这样的思维。给大董一丝火花，他能让篝火升腾烈焰；给他一个机遇，他定能给你一个大惊喜。大董"酥不腻"4.0 就是，一个偶然的提问引来的思考和行动，让大董"酥不腻"烤鸭 4.0 版本登上了金字塔尖，摘取了王冠上的明珠。

　　大董说过，作为北京厨师，他特别愿意有好吃的，有了一些创新，向朋友们显摆，和大家分享。看朋友们赞许、满足、陶醉的样子，看着老外们目瞪口呆的样子，他乐了。

蟹鲃佐马爹利，定情天下

全国有江湖，大致都有蟹。至今，唯以苏州湖叉闸口命名。想想，这蟹定是为苏州而生。吃大闸蟹，要有钱有闲，还要有大簇文人。有钱吃蟹，有闲剥蟹，有雅士把蟹趣写下来，缺一不可。

李渔说，整蟹不可上桌，这桌说的是宴席之桌。苏州一爿小店，最宜用蟹八件，慢慢拆吃，呷一口黄酒，约了妹子，拼个蝴蝶。宴席上整蟹，一曰：不雅；二曰：一鲜上桌压百味。

华永根先生说，拆蟹最早出现在周代，祭祀之用，东汉称"蟹胥"。现在看是"蟹酱"，可比作"蟹粉"。秃黄油更精进，只取了雌黄雄膏，精炼白花花猪油炒了，真是个丰腴肥美。

炒的东西都是顶级的"秃"。鱼米之乡太丰饶，鱼太多，吃鱼只吃肝，毕竟大、小河豚，肉都硬，最可取的还是吃肝。

沈宏非说，过去，青楼女子在意了小生，不会像如今恋爱，干柴烈火，嘎嘣上床，要慢慢磨，磨也不能大眼对小眼，要有道具。这道具是蟹，拆出秃黄油，又掏心掏肺地用了鲃鱼肝来炒，都是对那个有情泡她的人。

沈宏非说，这菜诞生在青楼，华永根先生说，这菜诞生在大户人家，有钱就有了精致。

秃黄油炒鲃鱼肝，苏州菜名曰"蟹鲃"，唯肥美之至。金桂飘香，塘中鲃鱼如花团锦簇，鲃肝正肥。于右任赋诗："老桂花开天下香，看花走遍太湖旁，归舟木渎犹堪记，多谢石家鲃肺汤。"由此，秃黄油炒鲃鱼肝，蟹黄、蟹膏、鲃肥肝三物极致，适应秋色景致如一。

十多年前，也是霜降时节，我受中烹协委派，评审"石家饭店"总厨晋升高级技师之职。总厨特烹制"鲃肺汤"，鲃肝肥美如乳膏，入口即化，齿颊留香。后有北京电台台副熊丽听我所言，独自前去品尝，失望而归。我说，美食家一般大都为美言家，美在我口，其言不可全信。物是而人非，你非大董，不能"董"其味。

　　"蟹鲃"，多年前尝过，时过境迁，早已不解其味儿。说与华永根先生，先生言，与一人说，即与众人说。遂作金秋品鉴会。

　　蟹鲃真真是苏州的精细。这天听华永根先生，现场教导苏州"雅厨大师工作室"的师傅，说的也是精细。华先生说，烹制"三秃"蟹鲃，只是个精细二字。一，剥蟹膏、蟹黄不可过夜，过夜则腥；取鲃肝需活鱼，鱼死则味馁。二，烹饪过程有序而为，不可随意。三，必以肥猪油炒之，素油味寡；煮以高汤，汤清则味淡；盛器必烫，温则味衰；上桌及时，怠慢味失。四，绝妙点睛之笔，为金华火腿肥膘切末煸化，与三秃合炒，蟹鲃味成。华永根先生强调：煸香火腿肥膘就是增加菜的肥度，让菜香腻。

　　"从来没有人知道烧这个菜要放熟肥膘的，只有我们做，这么油腻的东西，还要把熟肥膘放进去，它是把蟹黄跟蟹膏融合在一起的融合剂，相当重要，这是独门绝技，是菜的灵魂。然后加葱姜，还有加酒，步骤一个都不能少，而且每一步都要做到位，这个菜才能做出好味道。那么这个里面还要放一点高汤，因为这两样都是比较干的东西。这个下锅以后要焖制一会儿，一定要焖制，把味道烧进鲃鱼肝里。一分钟，点睛之笔。"

　　华永根先生说："这个菜，还要勾一点芡使它成型。出锅前，要加一点胡椒粉，稍微淋一点醋，还要撒一点我们苏州特有的东西（糖），稍微几粒，点睛之笔，一定要少，主要是提鲜，点到为止，这个（加糖）是苏州人特有的东西，苏州人烧菜跟人家不一样的。不是每样东西都要放糖，但是这个菜要放。放与不放，等会大家定要惊讶了。"

听华先生讲，看大师傅炒，锅里蟹黄、蟹膏、鲍鱼肝在相互销蚀，刻骨铭心地腻弄，白猪油炒得蟹黄慢慢浸出玛瑙色，咕咕翻着金红的泡。升腾的氤氲有奇香，这奇香是火腿的肥油膘、蟹黄油、鲍鱼肝油、猪油炒出来的，下姜葱、烹花雕、高汤熬煮、勾小茨粉、点到为止的糖和醋，这点时间里发生了什么，我不知道，肯定是乾坤逆转，多少腐朽都化成神奇，何况是这样的惊世骇俗的三秃呢？

我尝秃黄油炒"鲍鱼肝"，肥过法国鹅肝，融化直逼黄油，其香冲过有情一瞬。

大闸蟹，蟹性为鲜之至，逆味亦腥狂；作"蟹鲍"，丰美绝代，也有致命缺陷，其腥也无出其右者。

那天沈宏非先生尝罢，说，"蟹鲍"配酒，红酒不行，必烈酒，烈酒必"马爹利"，索其腥味，成其美味。大家如言效仿。其言不虚，"三秃"和马爹利，滑腻肥香，盖世无双，绝配绝味。

尝"蟹鲍"佐马爹利，心境亢奋，似觉得道。忽又悲戚，想那青楼女子，用我的心肝换你的负心，消得人儿憔悴，一地黄叶秋色。

吃一个火腿味的干式牛排

五年前，我们去苏格兰威士忌酒庄。

朋友邀请，顺道去了一古城堡。城堡主人是贵族公爵，住伦敦，为接待我们专程回来。参观城堡，在一窗子前，公爵开玩笑，指着远处一头大黑牛说，今天我们就吃它。

这头大黑牛，体重有四百公斤，皮毛黑油油亮。这牛是安格斯原种牛，安格斯在苏格兰。

那晚我们吃的是肉眼，鲜嫩鲜嫩的，肉味足。我一边吃，一边想黑牛卧在草地上闲适的样子。草是绿的，天是蓝的，河水是清凉的，空气里有刈草的气息。

西班牙有干式牛排，移民马德里的老华侨陈大叔带我在马德里一家牛排馆吃过几次。烤干式牛排，特别烫的盘子上桌，油花四溅，牛肉有咬劲，这时，总觉得自己也雄壮，如雄狮，在吃捕获的猎物。那时，我还留着长发，一边吃，一边甩个头发。

Wolfgang's Steakhouse（沃夫冈）前年在北京盈科开中国第一家店，老板诚邀，我去了，吃得肚子滚圆，却印象不深。

这几年牛肉排酸，国人逐渐耳熟能详，知道牛排要排酸。排酸有"湿式""干式"，都是为让牛肉体液排出去，不骚，使牛肉蛋白质转化成多肽、氨基酸，更香。

中国人崇尚现杀吃鲜。我丈母娘待我像亲儿，经常早晨很早就去农贸市场买猪肉，或包饺子或炖肉。每次吃，觉得有生腥味儿，不香。后来懂了，猪肉也要排酸，现宰的肉不好吃，里面有体液，没有排出去。体液就是尿。当然，体表排出的，是汗。想想那一锅刚宰的肉，是用尿炖的，会是啥滋味——骚。当然，东阳人还吃童子尿蛋呢，是有名的风味，有人趋之若鹜。

上海北外滩的 Wolfgang's Steakhouse 开在 W 酒店旁边，面向陆家嘴，牛排店老板贾先生请我去吃 90 天的干式牛排。我感兴趣。

沃夫冈牛排有专业的牛排熟成室（Dry Aging Room），七千多公斤 120 天谷饲 USDA Prime（美国农业部特选级）牛排存量熟成周转，可熟成九十多天。餐厅销售的常规干式熟成牛排，28 天起。熟成时间越长，价格越高。随着熟成时间越长，水分流失越多，外层氧化丢弃的肉越多。如你，和年龄差越大的小鲜肉腻歪，你的代价越大。

总厨建议的沃夫冈大里脊（Porthouse）、西冷和肉眼经过沃夫冈特制的高温烤炉火候，最是美式牛排的味儿，粗野、剽悍、血腥、鲜嫩、有劲。盘子烫，如西班牙烤牛排一样。盘子倾斜上桌，有黄油流在一端。黄油诱人，气味腻香。可蘸黄油吃，牛排增添油香，更美味儿。

牛气冲天。

期待的 90 天干式熟成的眼肉确实好，有嫩、有香，如二十四个月火腿，油脂陈香混杂木桶香、芝士香，风味迷人。这个味道是干式熟成牛肉的高级式，如老世界红酒，懂它迷人出处和概念，可成挚爱。

我在上海三天，两天中午品尝的是 Wolfgang。

对了，前菜沙拉（比华利沙拉）现实主义和浪漫主义结合，有一点印象派。璀璨缤纷的棕榈尖，里面还有橄榄、牛油果、红黄甜椒、菠菜、节瓜等，酸酸爽爽，可替代配菜，正合宜。

吃完牛排，可去外滩看对面高楼。风不冷不暖，有桂香。桂香熏人也醒人，只是人要自知。

阳光正好，人正好。

蝴蝶鸳鸯派的讲究

陆文夫写《美食家》，让我们看到苏州人讲究。小说主角朱自冶，专情美食。每天四点起床，梳妆打扮，如此这般，只为吃一口头汤面。吃到，一天清爽，吃不到则浑身不自在。

陆文夫对精致美食的理解，源于周瘦鹃。陆文夫学了两点。一，不轻易说好。大厨使出浑身解数，事厨餐罢，大厨出来求问，这一餐可好。周瘦鹃就是不肯说一句好，只是说：还可以吃。

不说好，只因苏州饮食文化深厚，历代食家、名厨众多，名菜、名点层出，不能把话说死。吃到好菜点，也是靠机缘。

陆文夫学到的第二招就是要吃厨师而不是吃馆子。点了厨师以后，自己就不再点菜，一切交与厨师，让厨师安排。再点菜就有点小家子气，打乱厨师的总体设计。名厨在操办宴席时早有准备，采购原料等都是亲力亲为，一个人从头到尾，尽心操办。所以，厨师问大家想吃什么，周瘦鹃定说："随你的便。"你信厨师，厨师拿出最时令最拿手的看家本领，定会让你满意。

"随你的便。"简单的一句话，透视出苏州人的自信和讲究。

周瘦鹃是民国时期"蝴蝶鸳鸯派"的代表，几乎撑起了上海大众文坛的"半爿天"，在文学、电影等方面对上海都市新文化的建构扮演了关键性角色。

周瘦鹃家在苏州，有小花园。他是苏式盆景园艺家。周家这样小的院子里，周总理、邓颖超、朱德、陈毅，都到过。毛主席曾经在北京接见过他。毛主席亲自给他点了一根烟，他点着以后就掐掉了。这根烟拿回来以后就供在周家花园的爱莲堂里。他对毛主席很尊重的。

有人说，汪曾祺是中国最后一个士大夫文人，那么，周瘦鹃的士大夫生活更加浓重。

这样一个文学家、翻译家、园林家、美食家、生活家，"文革"中投井自杀。周瘦鹃之死，象征苏州文人生活的终结。

陆文夫继承了苏州文化、苏州文人生活的衣钵，他的茶道、酒趣、食经，还有他的小说，他的文化人格，刻印着苏州人精细的文化脉络。

陆文夫先生有他自己特殊的饮食喜好，他喜欢吃苏州的鱼，要鲜活，尤其是太湖野生鳜鱼。

苏州菜最有名是鳜鱼，如松鼠鳜鱼，清蒸鳜鱼，胡椒鳜鱼，还有鳜鱼做成的鱼片、鱼丝。但他都不太喜欢。他喜吃的，鱼要做成汤。汤要白汤，做很浓的奶汤桂花鱼。

这种鱼汤，技术不复杂，只是鱼一定要鲜活。配料是三样提鲜的，新鲜雪里蕻、冬笋片和火腿。

你想，雪里蕻多鲜，冬笋又是鲜的，火腿也是吊鲜味的。这三样东西的鲜味加在汤里，再加上鱼汤，陆文夫特别喜欢。

陆文夫有时候自己出差，就一个人拿一瓶老白干，白尖嘴瓶。找小店，跟厨师说，我要做这种汤，可以没有火腿、没有冬笋，但是雪菜肯定要有的。

他一边喝自己的酒，一边品鱼汤，吃得有滋有味。

陆文夫也去世了。苏州的美食文脉，现在剩下华永根和叶放。

华永根先生为现在苏州美食头牌，为苏州美食文化做出巨大贡献，著有《中国苏州菜》《中国藏书羊肉》《苏州家常菜点》《苏州味道》《食在苏州》《展示菜点精选》《苏州名菜集》《食鲜录》《华食经》《桐桥倚棹录·菜点注释》，以及典范苏州系列之《苏帮菜》等多部作品。

叶放先生家我去过几次。为了营造一个家庭园林小景，几户人家联排在一起。坐在他家，可以静静独思，有浓厚的文人气息。

苏州的讲究，源于发达的农耕经济及产生的士大夫文人文化。中流社会以上人家，正餐小食无不力求精美，品位高深，讲究仪礼。苏州的美食文化，可以从六百年前倪瓒的《云林堂饮食制度集》看出。

吴地的文人气息、生活情趣、大家手法，给后代留下宝贵的饮食资料。《制度集》有倪云林对美食的独特见解，有与他的诗画浑然一体的高清致远。书中肴馔，清丽自然。

吴地菜点精细、清鲜、淡雅。文人菜风格及情怀，蔚为大观。

灌肠伪造了前世今生

去年，给广东烹饪学院的学生们讲一堂课，要求一堂课讲十道菜。一个小时要讲十道菜，怎么讲？那就戏说吧。

记得我学徒时，学过爆三样。里面有猪肚、猪肝、猪腰花。就用这道菜，给这堂课做开头，我站在课堂上大声地问台下：

"同学们好，你们知道'爆三样'是什么吗？"

学生大都是广东人，北方的爆三样，估计没吃过也没见过。

礼堂里齐刷刷地喊："不——知——道——"

学生们不配合，就像名角出场亮相，台下叫倒好一样。

当时我像落汤鸡一样，打个冷颤，这课怎么讲啊？只得硬着头皮，自说自圆。

"'爆三样'里边有猪肚、猪肝、猪腰花。"我说。

台下安静了。

我接着说："'爆三样'是北京的家常菜。猪肚、猪肝切薄片，猪腰切花，配木耳、玉兰片，用蒜片、姜花、葱花、马耳青蒜，调盐、胡椒粉、黄酒、酱油、醋、香油、茨粉兑汁，用烈油爆。"

"猪肚、猪肝、腰花就酒喝，喝完酒，菜里的汤拌饭吃，可香了，能吃两碗米饭。"台下有咽口水的了。

"好，同学们，大家知道吗，这个菜里，去掉猪肚，是什么菜？"

"不——知——道——"

嘎嘎嘎，我的天，看来是真不开窍。我只能硬着头皮说："'爆三样'去掉一样儿猪肚，就是'爆两样'啊。"台下同学们笑了——似乎是嘲笑。

"老师，你这是脑筋急转弯，我们会。"

"四川炒猪肝和猪腰花，叫'肝腰合炒'。"

同学们好似明白了。

"太聪明了。"我大声表扬。

"同学们，我们接着想，把猪肝去掉，那会是一个什么菜？"

"火——爆——腰——花——"

已经把同学带上道了。

"把腰花换成猪肝，是什么菜？就是炒肝尖，对吗？"

"对——"台下大声回应，气氛也热烈起来。大家伸长脖子，等着我发问。

"好极了！炒肝尖，加上稀的芡粉是什么？"

"熘肝尖——"

"熘肝尖的芡粉汁多多的，是什么？"

"烩肝尖——"

"烩肝尖，芡粉再多多多，肝尖再少少少是什么？是北京的名菜，大家知道吗？"

"知道——炒肝。"

"把炒肝里边的猪肝去掉，只有淀粉，干干的淀粉，是什么？"

"——灌肠。"

嘎嘎嘎。

我讲了 40 分钟，让灌肠伪造了前世今生。

台下有一个同学，站起来提问："董老师，你讲的，是不是演绎的？考试可不可以这样回答？"

嘎嘎嘎。

苏灶肉（苏造肉）的堕落

说，乾隆下江南，将一官员家厨张东官带回宫，并在"包哈局"，为张东官砌专门炉灶。

有说"东官苏灶，包哈炉旺，乾隆耄耋寿"。

嘉庆时，这道菜辗转传到宫外。东华门外，有苏造肉摊。专为寅时早朝官员而设，各路大臣，到东华门卤肉摊，下轿趋入，一碗肥香卤肉，两个芝麻烧饼，肚里有肉，心里不慌，精神抖擞上朝去。

苏造肉经过几朝的演变，已非昔日苏味"酱方"模样，口味趋向浓香朴厚，酥烂膘实，成为宫中宴会主菜。传到慈禧太后朝，慈禧喜欢，满朝喜欢。

民国立、清朝亡。前清遗老遗少家道衰落，眼看着吃不起这一碗着实的肉。一碗肉，一个大子，吃客非要舍着脸给八角。掌柜为维持生意，也只好答应，可时间长了，赔钱的生意，就不干了。买的没有卖的精，既然总是讨贱，何不就坡下驴？你要讨便宜，我就卖给你便宜的，只是这卤煮锅里加进去了猪头肉。

加进猪头肉，可这食客也不傻呀，那就按一半肉一半猪头肉给钱。卤煮是降价了，可没钱的还是吃不起。

掌柜的和这没钱的客人，斗上了心眼。卤煮锅里，肉见少，猪头肉见多。

人穷，卤猪头肉也吃不起，掌柜的，只得往锅里加肺头。

肺头也吃不起，就加小肠。

这也吃不起，把豆腐切成三角块，一起卤了充数。

干脆，烙了硬面饽饽，一起煮。

据说，有不同的字号，争相标榜自己是正宗。正宗的，不能放辣椒油、香菜。肠子洗得干净也不正宗。

有一年，团结湖烤鸭店的两个总厨，请我去吃卤煮，三块钱，满满一大碗，还有一个卤鸡蛋，觉得很便宜。我一口下去，剩下的半口肠子里面，还有馅呢，带着草棍黄稀稀的。

苏式"酱方"到了北京，早已面目全非。想得开的，合自己口味儿就好；想不开的，就在正宗上较劲。

霜

降

怂厨子做不出爆炒腰花

四大菜系都有猪腰的名菜：鲁菜的爆炒腰花、川菜的火爆腰花、潮汕的过桥腰片、淮扬菜的荔枝腰花。

爆炒腰花好吃，做好，可太难了。

入厨行，做好厨师，有两道菜的关要过：一是肉丝，一是腰花。

炒腰花，难在哪里呢？四个标准：色、香、味、型。

从买猪腰子说起吧。猪腰子谁不会买呢？可不简单。猪腰子有泡水的和没泡水的。泡水的看着新鲜，水唧唧的，却不好剞出样儿来。没泡水的好，有脆有韧，能剞出花刀。还要挑完整的，有的猪腰有刀痕，不能用。

那时候，我们学徒工为练习剞花刀，要找采购大叔，央求买猪腰不要有刀痕的。央求别人，口气恳切，要递上一根烟。

猪腰买来了，几个学徒工抢着把猪腰分了，就为能多切几个。腰花切的好不好，还真是要靠切的多少练习感觉。学徒工都暗自较着劲练习，那时的学习氛围记忆犹新，让人振奋。

剞腰花费刀。新磨的刀片不了几个猪腰子，刀就钝了。猪腰子里的筋膜特别韧性，每次剞腰花都要磨好几次刀。

猪腰从中间抹片，一分为二，片去筋膜。片筋膜，要一刀片干净，少带腰肉。

猪腰花有麦穗花刀、梳子花刀、荔枝花刀，还有腰片、腰丝。麦穗花刀最难剞。刀斜 45 度角切入，间隔一个米粒宽一刀剞下去，要到底。到底是啥意思？就是几乎切断，却没断。然后一刀接一刀，不能停顿，将整片猪腰切完。再换个角度，直刀切，同样切到底。花刀剞完，隔 1.5 厘米，切断成块。

在滚开的热水中激烫，使剞好花刀的腰花收缩成漂亮的麦穗形。这是理论上的做法，能不能烫出麦穗形，要看运气。不是每一个人都能剞出腰花的。这来自你剞了多少个猪腰子，剞的越多越熟练，出腰花越多。剞花刀像针线活，非常精细。尤其直刀剞，刀切下去，可听刀声，哒哒哒，翻过腰片，可见交叉成菱形的刀痕，腰片只连着一层膜，说断没有断。手需轻柔，重一点就碎。

剞腰花，睁眼剞和闭眼剞一样，最好闭眼剞，都是心念在剞。心通过握刀的手，感触刀切的深度，感觉腰子的质地老、嫩。心念作用手力，手力是心念延伸。这时思想判断滞后于意识反应。只有思想、手力、刀、猪腰存乎一心，意到刀到。猪腰切的越多，心念越成，日积月累，枯燥乏味成乐趣横生，刀工犹如神助，心念即成神明。刀就是神明，神明即刀。心刀合一，刀口均匀，如一棵麦穗，很有美感。

猪腰剞好麦穗刀，爆炒腰花完成 70%。

下转火工，要一气呵成。老师傅是亲火的，不怕火。怕火就不敢用火，不敢用火就没有锅气味。用过烈火的人，包括女厨师，人爽快，干活利落。

腰花用滚水焯，刚断生，立即放冰水中激，激很重要，可激出腰花脆感。

剩下的色、香、味儿也要炉火纯青。色，要用生抽和老抽调，生抽调味，老抽调色，调成金红色。

炒腰花要下重料。黄豆酱油、熏醋、料酒、盐、花椒油、麻油兑碗汁；蒜片、马耳青蒜、葱花、姜花，这是调味。

香，最关键，所有的工作都靠味儿体现出来。味儿是这道菜的魂，针的尖、麦的芒，厨师的手艺全在这一点上。

腰花要用烈油爆。油烧到近九成，270℃度热，这时候，将腰花投进油里，腰花里面含着水，只听哗啦啦，噼里叭啦，火上房，烟上墙，烈油四溅，油溅到手背上，烫出水泡，火燎到胳膊上，汗毛秃光。

大师傅这时身手利落，开大火，烧热锅，反手将过了油的腰花，往锅里一扣，烹入兑好的汁，手腕一抖，三翻两下，七扯咔嚓，转身装盘。好一个明油亮芡的、醋香、花椒油香、葱姜蒜爆香还有微微骚香的爆腰花，做好了。

厨行有一句话，怂厨子怕旺火，说技术差的厨师驾驭不了这道菜。

我当年做爆炒腰花很出名，老顾客奔着这道菜去吃馆子。尤其是当年的对象、现在的"师娘"。一赶上休息，约一两个闺蜜，就点这道菜，每人一大碗米饭。"师娘"很贼，就点一道菜。点一道菜，肯定不够吃，怎么办？我只能想办法，她点一小份，我就给炒一大份，甚至特大份。反正小份大份都是一份。有员工汇报给经理，经理装不知道。经理是她爸爸，最后成了我老丈人。

做好这道菜，可以娶媳妇，可做大师傅。

兰州有好味，百合最优雅

我印象里，百合是吉祥花、美好花。阖家团圆，插百合花，快乐吉祥；男女喜结连理，亲朋好友送百合花，祝新人百年好合，美好幸福。

百合花色彩有多，紫色雍容，浅绿淡雅。原来，好味的玉色百合是它的根茎。根茎百合名字更有爱意，地下茎块由数十瓣鳞片相叠抱合而得名。

我想兰州，总和嘉峪关连在一起。家父上世纪五六十年代，曾在嘉峪关服役，说坐绿皮火车，要走一个星期。在少年心中，兰州嘉峪关就是遥远的地方。那里苍茫、雄浑、威武，那里有思念、期盼和向往。

兰州有好味。兰州拉面汤品清秀，味却厚香。兰州八大碗更是朴茂平实，亲易近人。兰州味儿，有雅色绝佳者，百合。

兰州处戈壁，大漠有烽烟。男儿有志，志在边塞。边塞诗是古今不朽话题。大漠孤烟直，长河落日圆。边塞诗人的生活里，有秦砖汉瓦，明月孤雁，羊汤胡饼，马奶百合。百合甜味，美人素粉。诗人更豪迈，我也愿马革裹尸。

文化多色彩，西北有美色。

兰州百合洁白如玉，也不出奇。

兰州种植栽培百合，有一百多年历史。好朋友 @食節® 丁玎送我百合，是最好时节，最佳味道。兰州百合非遗传承人高作旺家百合，瓣大肉厚、口味香甜，是百合精品。高家百年五代传承，深谙百合种植精髓。

百合好食。夏凉生食，生食脆甜；秋冬热烫，热烫粉糯；百合银耳羹、百合桂圆汤都好。尤以冰糖炖百合妙，调了蜂蜜，口感温润、甜香佳美，是《素食说略》方子。

午后看诗集，"虎皮黄"百合在大漠戈壁里飘香，斜阳一缕，仿佛置身西域。最近我作"杏汁百合燕窝"。深秋，有这样一款甜羹，驱寒暖心，你可来？

沈宏非说苏州"三白"

大董在上海、北京、深圳，和美食文化大家苏州华永根先生共同举办了大董今秋品鉴会。其中华永根先生携"江南雅厨大师工作室"奉飨两道惊艳菜品"三秃"和"三白"。"三秃"是当天剥出的阳澄湖大闸蟹的蟹黄和蟹膏炒鲃鱼肝。"三白"是蟹白肉、虾白肉、鱼白肉。三白素雅鲜美。

下文是美食家 @ 沈宏非先生的即席演说，出口成章，蔚为大观。

经 @ 沈宏非先生同意，发此，和大家共享。

"三秃"说了两场，已经说没词儿了，说秃了。其实第二场就打算说说"三白"，但是"黑蜀黍"陈晓卿在场，为了顾及他的感受，也没说成。今晚不一样，皮肤白的人多，不仅女士个个都白，而且男士也白，比如翁总（上海甬府老板翁拥军先生），宽总（赵子云，一大口美食创始人、美食家）。

"三白"用到的食材鲜美、应季、贵重，这些都是题中应有之义，就不多说了，主要说一说"色"。

白色是一种包含光谱中所有可见光的颜色，又称"无色相"，很厉害，也很难对付。在中式传统美学里，白色很玄。比如，书法是墨的艺术，黑的艺术，但绝对离不开白，所谓"计白当黑"。把菜做得满盘皆白，是难度很高的技艺。苏州菜里的白什盆，老北京菜里的糟熘三白，都是"白菜"的杰出代表。大董对此也是情有独钟，时不时地就会给我们带来一个"白色惊喜"。他以前做过白巧克力盘，白盘之中竟然布置了多重色阶的白色，很不容易。这次华永根先生的大厨做的"三白"，也有三种以上不同的白色。而且，虽然是西式沙拉做法和呈现，但仍保留了中式的复合味，非常高级。

子夏问孔子，诗经里的"巧笑倩兮，美目盼兮，素以为绚"是什么意思。孔子只答了四个字："绘事后素。"借用毛主席的话来说，就是"一张白纸，好画最新最美的图画"。尽管孔子志不在此，但这也充分说明了白色的强大功能，即它不仅是诸色的总和，更是五彩得以缤纷的必须基础，"素以为绚"。"三白"上桌后，这事才完成了一半，另一半，就要让吃它的人，用口腔和心的感受让它"炫"起来。

说到最后突然想起来，华会长有一个很厉害的苏州老乡，大约180年前写了一本提到多种苏州美食的书《浮生六记》，也姓沈，比我牛的是，那位沈先生，人家字三白。谢谢大家。

"三秃"和"三白"

2019大董秋季品鉴会上，苏州美食文化大师华永根先生，携苏州"江南雅厨大师工作室"三位大师傅，表演了两道传统名菜——"三秃"和"三白"。

品鉴会上，美食家沈宏非先生就苏州"三白"话题，说起苏州另外一道传统菜"白什盘"和北京传统名菜"糟熘三白"。

白什盘是什么菜呢？我特别想知道，趁这几天和华永根先生在一起，请教先生。

白什盘是苏州的传统菜。起源有四说，我相信第四说。

白什盘是用十二种以上食材，炒制而成，色泽只为白。其中七、八种食材为荤，二、三种为素。素材可有色，如墨色香菇片、浅绿西芹片、黑色木耳片，也有红椒片。荤材有白虾、白鱼片、蟹白柳、鸡脯片、西施乳、黄鱼肚、蹄筋、白肚片、蒸肝片、薄腰片、蒸蛋白片、鸡头米、春笋片、猴头蘑片。特别要放的是火腿片。火腿片一是提味儿，二是调色。想想，一盘素白中，火腿嫣红，有李清照"年年雪里，常插梅花醉"词意。

白什盘有一讲究，苏州人称为"结顶"，什么叫结顶？就像人戴帽子，用行业的话说，要加一个菜帽子，叫帽子顶。这个帽子顶就讲究了，好一点的鱼翅结顶，海参结顶，甚至燕菜结顶都有。也有差一点的，用猪脑子结顶。用什么结顶，由炒菜师傅对菜的认知，主要根据客人的需求。

白什盘最宜二三人之享。比较经典的说法，白什盘是人少又要吃得好的客人点的。比如，我跟沈宏非老师两个人到餐厅吃饭，想吃的菜样多一点，但是只有两个人怎么办？点一个白什盘就可以。白什盘里面，鱼片有了，鸡片也有了，有的放一些蹄筋或者鱼肚等，可以多食材组合在一起吃，相当满意。

后来，白什盘慢慢在菜谱或者菜单上不见了。有一个替代它的菜，叫炒什锦，为什么替代掉？因为白什盘太复杂，太讲究，原材料要按季节更换。炒什锦简单了，大部分是荤的，有一点点素，是简化版的白什盘。

炒什锦跟白什盘有一个最大的区别，没有结顶，炒出来什么样就什么样，炒的速度快，东西可以随意放一点。炒什锦中也有鸡片，有肉片，有鱼片。档次低一点的，肉片也能放进去，放一点虾仁，就高级一点。所以炒什锦替代了白什盘。吃白什盘的，都是很讲究的人。

白什盘的做法，叫一师一法，一个师傅一种做法，比方张大师他的师傅教他白什盘应该这样做，李师傅可能那样做，大体一样。

大家有变化，有差异性，是好事。让食客根据需求选择。有客人说，白什盘里面的猪肚子一定用猪肚尖。有客人有忌口，腰片我不吃的，随客人要求去掉，叫免吃什么，旧时苏州菜馆尊重吃客的老规矩，大厨都得照办，满足食客。

白什盘分三六九等，高成低就。

概念至此，食材根据客人要求调整。

苏州文化源深，水磨腔调。致苏州菜，雅致文静，清淡悦目。

庭前一朵花，天间一片云，桌上一壶酒，对坐一个人；清静世界吃一白什盘，静好。

美食和环境齐美，鲍鱼王子徒弟的餐厅值得去

三十年餐饮市场血雨腥风，冲出血路、笑傲江湖的中山人麦广帆，可坐中国餐饮一叔交椅；当然海底捞张勇，坐的是一哥位子。

叫老麦叔的理由，是他徒弟们已然在餐饮业扛把子了。

深圳，美食和环境齐美，唯一"嘉苑"。

位于深圳福田区嘉里建设广场的嘉苑饭店，我去过两次，印象颇好。传统菜品有真功夫，时尚菜品有国际范儿，关键，老板杨毅锋是老麦的徒弟。

老麦是@鲍鱼天王@杨贯一先生入室弟子，得杨贯一先生真传，做鲍鱼者，无出其右，能把一般鲍鱼做成溏心鲍。当然，鲍鱼在老麦手里，是烧了八辈子高香，才被炖成上位。

撼江山易，撼老麦鲍鱼位置难。

这些年，还真没听说哪个做鲍鱼超过老麦的。

别说，老麦的徒弟杨毅锋继承老麦的天分，餐厅做得真是洋气有品位。

昨天，老麦从澳洲专程赶回来，在嘉苑请我和华永根先生吃饭。菜单如下：

凉菜：附令六小碟、特色暖胃汤

用清鸡汤煲甜玉米，鲜香清甜，很上口。秋冬，一小口暖汤，舒适。

头盘：特选俄罗斯 Beluga 鱼子酱

@杨毅锋用精致日式玻璃器皿盛装，爆香的越光米和黑松露啫喱，配Beluga鱼子酱，入口各种鲜甜，奶油、果木、柑橘和金属味。尤其淡淡的黑松露啫喱和鱼子酱，连理交合，完美。这时，一勺到底，有啫喱、脆脆的酥米和鱼子酱，三种食材在嘴里糅合，口感层次丰富，味觉和嗅觉瞬间

被炸开了。给设计点赞。

36个月澄海老鹅头

又是好味。36个月老鹅头，老公鹅的皇冠很肥大，口感韧糯，嚼之有味，沉香溢口。

老麦特意挑出老鹅头最矜贵的鹅冠，递到我盘中。点赞。

时令冻鱼饭

这个冻鱼饭要说：鱼饭，以鱼当饭。一般都是南海国产鱼。这个鱼饭，选用日本的喜知次鱼和青花鱼做鱼饭，一个鱼油肥美一个鲜味十足。把日料穿插在前菜里，好。

生腌大闸蟹

生腌大闸蟹被誉为潮汕菜的毒药，嘉苑选用了 @成隆行老柯的蟹，品质绝对好，大闸蟹膏腌的膏如柿子脂肪如墨，温度要掌握好，上桌15分钟内吃完，入口如雪糕般融化，浓郁柔软细腻如芝士，极鲜香。大赞。

汤羹：鲜胡椒炖本港麻鱼肚

这是一口秋冬好汤，鲜胡椒味香浓，汤质胶稠，舒服舒服，醒酒暖胃。点赞。

主菜：15头南非吉品鲍鱼

这是头牌菜，鲍汁的香美恒定的好，这足以说明，鲍鱼烧制技术多高妙。南非鲍煲得外软里糯，绵香软怡。我要了米饭，把鲍汁混着吃，真是开心。饮食男女，人之大焉。心心相印，可口舒适，幸甚至哉。

炸鱼翅

吃过很多次。和东京六本木麻布比，同级。鱼翅有好味，天妇罗手法极佳，外皮入口，嘎吱带响。大赞。

炭烧本港薄壳大响螺

炭烧大响螺，极品。大响螺这两年风头超过鲍鱼，身价超过鲍鱼。鲜味超过鲜鲍，香味胜似笋鸡，色泽粉嫩，有娇软样儿。蘸黄芥末好吃，蘸虾酱更有味。潮汕菜，做菜味道都洋气。这蘸料一土一洋，两厢滋味，别样心绪。

特色小菜：冲绳刺头苦瓜煲

甘有甘味，苦有苦味。同甘共苦，难得一味。好煲。

香煎法国鹌鹑腿拼紫菜墨盒酥

很嫩很香的鹌鹑腿。小菜做得有心意。我说的是心意。这一腿，在户外，或红酒或马爹利干邑，和妹子聊闲，一定惬意。

九肚鱼烙

九肚鱼像水，想想，给水烙出皮，也是没谁了。林黛玉要是吃了这菜，心就不那么软了。不知道当时有没有这个菜，或她吃过没？

蔬菜：紫菜炒豆苗

这时候的一盘头水紫菜炒豆苗，爽口清心。我吃了自己的，又想把老麦的一盘吃了。想想算了，矜持点吧。

主食：薄壳米粉粿

潮汕特色的小贝壳，如指甲大小，纸一样薄的壳，平常吃就像嗑瓜子一样，嘉苑把这薄壳一粒粒如大米一样挑选出来配上金不换，做成粉粿，一口咬下去，鲜甜美味。

糖水：姜薯官燕

用最出名的潮阳区西胪镇内八乡岩前村的姜薯，俗称小淮山。煮出来的汤粘稠，入口滑，味甘香。这一碗燕窝姜薯燕窝，甘心如荠，心美如花。还说啥。

水果：日本静冈蜜瓜

不说了，大家知道。

我们大家吃得心满意足。有朋友说，你吃得满意，那是老麦特意关照的。一般人去吃，出品怕是不至于此。还真不是，因为有些菜，如果不是平时做得好，当时吃是来不及做得如此美丽，比如红烧南非15头鲍鱼；还有当时别出心裁也会不完美的，比如：青花鱼喜知次冻鱼饭。

我很满意，也有不满意的，为什么这样好的餐厅，不是美团点评"黑珍珠"三钻餐厅呢？（不说米其林，因为他们肯定不懂。）

用花椒水，泡泡我吧

苏州精致，莫过"三秃"。

大闸蟹取蟹黄、蟹膏，炒鲅鱼肝。奇香馥郁，奇味妙滋。

我在《蟹鲅佐马爹利，定情天下》一文里，曾说过：烹制"三秃"蟹鲅，要"剥蟹膏、蟹黄不可过夜，过夜则腥；取鲅肝需活鱼，鱼死则味馁"。鲅肺（肝）有极端个性——嫩肥腥膘。嫩是它、肥是它、腥是它、膘是它。肥嫩出美味，腥膘有邪味。要肥香，去邪味，矛盾大焉。

华永根先生说，苏州人精细，长期烹饪，心得妙法。一大户家玲珑小妾说，烹得鲅肺好味，只须将鲅肺在木须水（花椒水）中浸个三四时辰，腥膘味儿尽去。厨人依法炮制，皆得欢颜。此法也为苏式烹调之绝技。

这回且说花椒。花椒神奇，气味芳香，可祛除各种肉类腥膻怪臭，促进唾液分泌，增加食欲。

花椒是中国原种。名品种如下：

云南青椒，四川是金阳青椒、江津青椒、汉源椒、茂汶椒，陕西是韩城的大红袍、凤椒，甘肃产伏椒、秋椒，山东、河北产的是大椒、小椒，山西芮城花椒，湖南是九叶青花椒，河南大红袍花椒，贵州花椒。

天府之国，四川盆地，阴霾雾重，潮湿暗阴。蜀犬吠天，鲜有明日。川人以花椒驱湿辟邪，去毒理气，烹饪得法，椒麻味食药兼得。明中期，辣椒传入中国，适得其所，与花椒结合，成麻辣味、椒麻味、葱椒味。

花椒自春芽清香，仲夏浓郁，仲晚浓重。四时不同，味也不同。

我在工体院内，栽花椒树数棵。花椒树发芽迟，春树已阔叶，花椒才芽娇。每年暮春，我用花椒嫩芽，开水轻烫，得嫩绿色；掺合美极鲜酱油、姜水、胡椒、葱丝，沁以烈油，拌阿拉斯加帝王蟹，味极清雅，利口鲜香。友朋皆赞美。

夏至，青花椒成新宠，青花椒水煮鱼、酸菜鱼、椒麻鸡、椒麻牛肉，利口开胃，增进食欲，消暑日昏靡。

秋有麻辣重味，施以重麻重辣，成麻辣锅子。我有一菜"麻辣牛仔粒"：锅热油，煸炒二荆条、大红袍至绛红色，子姜、青蒜、蒜颗、料酒出味，再煸牛眼肉，成菜装尺盈陡盘，于辣椒花椒中，遍寻肉粒，寻得，欢愉；寻不得，生气了就上网给差评。麻辣味，干香味重，麻辣浓郁，可结秋燥。

花椒在民间，亦是偏方。牙疼，咬颗花椒，止疼。花椒泡脚可舒经活血、祛湿驱寒。花椒治疗痛经或经后腹寒、经少。花椒放肚脐上，据说可以有效减肥。

花椒益身。北京老副市长郭献瑞先生从青年时起，每日晨，含花椒五六颗，几十年如一日。至九十高龄，在三米跳台扎猛子，身姿矫健。

我有很多毛病，血压高、血脂高，也有眼疾——识人不逮，易怒口直，自觉正人君子。徒弟说我，批评人狠嘚嘚，工作起来没日没夜。始觉，可花椒泡水，去痼疾，定神清气爽，全身通泰；将平易近人，定成和蔼人儿。

关晶晶和她的"剩山"

关晶晶，干净、沉静、雅静。

关晶晶是油画家。她的"剩山"系列油画，在南新仓"艺术粮仓"画廊展出。

2014年，台北作黄公望《富春山居图》和《剩山图》合璧展，我去看。并购日本二玄社高仿一卷，限量一百套。

从元四家开始，逐渐深入到黄公望。为此，专程从杭州下钱塘江，如吴均《与宋元思说》言："从富阳至桐庐一百许里，奇山异水，天下独绝。"是文为黄公望富春山居图唯一解读。我尝凝视，试图解构图卷之气象。有时竟觉身临其境：天水一青色（宋徽宗意）；云溪似絮绵，涧底有坦途，试做回望人（木心意）。

我曾问关巍（关晶晶本名），坦培拉（蛋彩技法）的剩山与黄翁水墨剩山的关联，巍巍不语。

我想：公望作大观，关巍有微意，千年同轴毂，大山是小山。

晶晶《剩山》有王维意境，技法却是西画蛋彩。从现实回望，看黄画剩山——是黄画虚镜中，陶潜桃花源，像素中景，细腻微观，气象万千，生宇宙之气。关巍画名"剩山"，非残山剩水，虚无之中，凝聚着巨大法力。

想来，大董意境菜亦如此，出于中国传统美食文化，具田园诗朴意，有王维诗禅意，融西方美学，纳西餐技法，自成流派。文化者以文化人，美食者以食美人，道同理通。

关巍把我们关在一个笼子里，笼子里有时间、空间、你和我。我们从里面看外面，看到一首诗，是她的《去年已久》。

这是我读过最入心的诗，尤其最后一句："向植物学习扎根沃土，静候枯荣。"

读到这一句，关巍的影子渐清晰，她越发干净、沉静、雅静（附：关晶晶诗）。

　　玻璃门上，雨珠与水晶的区别

　　摇曳的，树枝与风的区别

　　我口中，金地茶与乳汁和毒药

　　的区别

　　凡此种种

　　去年已久啊，恍如一场梦

　　不再确认那些价值和词语

　　找回最小的我

　　在寂静的地方，掌一盏心灯

　　看一丛菊开成画中的样子

　　向植物学习扎根沃土，静候枯荣

——关晶晶《去年已久》

玻璃曾昭发，玻璃脆皮乳鸽

中山有绝味，冠名"石岐乳鸽"。肉质鲜嫩，香味扑鼻。香港沙田龙华有烧乳鸽，乳鸽也著名，慕名者众。广州白天鹅宾馆烧卤师傅利树均先生做香茅乳鸽，乳鸽佐以香茅滋味，清新隽永。由此，乳鸽出人头地，声名远播。

2018 年世界中餐名厨大赛，有个腼腆青年参赛。参赛作品叫"玻璃烧乳鸽"。乳鸽金红，色泽均匀，肉质滋润，汁水汩汩，皮质酥脆。色香味型俱佳。

曾昭发的乳鸽在这几天的比赛中声名鹊起，让比赛紧张的气氛活跃起来。

这时的曾昭发越发腼腆起来，而且腼腆得可爱。比完乳鸽，还有一道甜品。甜品的计分有一个重要内容，选手要亲自将作品端到评委桌上，向评委们说明如何创意的。

次日下午，比赛按部就班，评委们有点疲乏，甚至要打瞌睡。只见曾昭发手里像提着一块板砖一样，攥着两只鸡蛋走来。他走到评委桌前，突然扬手，把鸡蛋摔在桌上。在场的人错愕，评委们惊醒了，瞪大眼睛看着他。

"你要干什么？你要砸场子吗？你是谁？"工作人员喝道。曾昭发转身走，说："这是我的甜品。不是鸡蛋的鸡蛋，用蛋白粉做的鸡蛋壳，柿子汁做的蛋黄，我陈述完毕。"

看曾昭发表情，腼腆而僵硬，愤怒而亢奋，真像是砸场子的。曾昭发师傅给评委摔鸡蛋，自己一点都不笑，吓评委一跳。评委们愣了一下后，突然有的鼓起掌——这个陈述别开生面，太精彩了。

曾昭发的甜品"鸡蛋"获得了高分，创意好，当然，味道也好。最好的是曾昭发的腼腆，通透，干脆。

果然，曾昭发毫无悬念获得冠军。

曾昭发，江西省赣州市人。14 岁去广州学徒，少小离家，游子生生念想的是家乡。三十年后，功成名就。2017 年自减一半薪水，回江西赣州老家，现为江西上客天下出品总监。

昭发人有玻璃面相，光明正大。他做乳鸽精进锐取，日渐显露独特个性。乳鸽皮脆通透，如璃玻清灵。

昭发师傅做玻璃乳鸽很精细，一如他的性格。

腌渍入味，只能腌 20 分钟。一边腌，一边给乳鸽按摩。腌料都很接地气：姜、小葱、沙葱、淮盐、胡萝卜、洋葱、干葱。

挂皮水用蛋白浆，风吹干，用烧鹅炉去烤。反复三次。

曾昭发做乳鸽，做了十五年。其关键是脆皮脆度能保持一个小时以上。餐饮行业师傅们，都在学习研究他的技法。

我多和昭发师傅接触，越觉其腼腆有特点：人虽腼腆，心却透亮。像玻璃一样，看得见自己在做什么，而且认真。世界上怕就怕"认真"二字，而且是通透下的认真。

在龙井草堂，红烧划水和红烧肉，
合在一起吃，比"鱼羊鲜"

深秋要吃青鱼。早前，吃过杭州龙井草堂的青鱼划水，符合我想象的"浓油赤酱"，认为天下第一。

为啥说天下第一？别人家的没吃过。

青、草、鲢、鳙，是四大家鱼，各有吃法。青鱼、草鱼长得差不多，味道大不一样。草鱼吃草，草腥味重。青鱼是以水底的螺蛳、小鱼、小虾为食，背色黑青，又称黑鲩、螺蛳青、乌混、螺蛳混，肉质比草鱼好吃。

有一位美食大家说：刀鱼鼻，鮰鱼嘴；鳙鱼头，青鱼尾。这话把鱼的特点说出来了。刀鱼亦不可得。每年近清明最肥嫩，要吮着吃，最珍馐的是它的鼻吻，似清晨的雨露。这是美食家的讲究，知道而已。

我在扬州大厨吴松德的狮子楼，吃过一次"黄烧鮰鱼嘴"。一盘十二只，有少年的拳头般大小，从腮后取下，肉质肥润，汤汁浓厚。以后再也没吃过。

鳙鱼就是胖头鱼，这几年吃过几次溧阳天目湖宾馆戚双喜的砂锅鱼头，汤白鲜浓。加胡椒、香菜喝一口，滋味浓厚，汤鲜味肥，这是绝品。我去过他的厨房，一百个大砂锅一字排开，咕咕炖着，氤氲里是鱼的鲜。炖胖鱼头还有一家，北京张雅青的"鱼头泡饼"把鱼头炖了泡家常饼，很多年前去店里吃过，现在总是叫他家的外卖，没有腥味，不咸不淡的香。

青鱼的尾巴细长，这是属于青鱼的美丽。尾巴一划，水面上是漂亮旋转的漩涡，所以也叫划水。仔细看，像不像女生甜甜的酒窝？青鱼尾有劲，厚厚皮下是丰富、油润、滑嫩的黏稠胶质。青鱼骨质硬，肉质韧。

柏师说做红烧划水简单，只要鱼好。一要肥壮，需四十斤以上的青鱼，鱼大才能有胶质，口感才粘稠；二要提前养在草堂的湖中，尽去鱼腥味，现做现吃。配上老酱油、冰糖、老酒，菜品色泽红亮、卤汁稠浓、肥糯油润、肉滑鲜嫩。

当年叶至诚来苏州看望陆文夫，陆文夫请他吃红烧划水，厨师特地要来听意见，陆文夫琢磨着写了"料真味正"。事后陆文夫说，做好青鱼划水，就在这四个字。

红烧划水这道美食，有非常悠久的历史。唐朝诗人李贺有诗："郎食鲤鱼尾，妾食猩猩唇。"用的是鲫鱼尾。如果用青鱼尾，有油有肉、有肥有瘦，冬季食用，那一定"香浓味美胜鲤尾"。

张大千在台北，亲自烧红烧划水宴请张学良。胡适宴请梁实秋，也有红烧划水。民国文人是红烧划水控。

说"鱼羊鲜"，羊肉和鱼炖在一起，只听说，从来没吃过。这回，在龙井草堂却体会一把"鲜"。这次菜单里，例行有"红烧肉炖蛋"，也是浓油赤酱，同上有米糕，夹着肉吃，无限美好。我吃肉，绝不能有一点肉骚，有一点儿，我都认为是选材不当。如果是两头乌或西班牙黑猪有骚味，那是暴殄天物，实在可惜。

红烧肉和红烧划水是一同上桌的。我吃了柏师给我挑的最肥硕的一条划水，意犹未尽，听柏师说，最过瘾是红烧肉和划水混合一起吃。按柏师指点，又盛上红烧肉，特别扎了肉汁，再夹了一条青尾，也扎了汁，混在碗里，两美成大美。众无言，沉浸在这"肉鱼之欢"中。如果有一种比鲜还美好的味道。就用肉鱼之欢造个字。

龙井草堂秋天有"遗园"味道：柿子树红，木芙蓉粉，银桂飘香，啾啾鸟鸣，残荷枯败。秋去冬来，春暖又花开，还是一片欣欣向荣。草堂随着时序，四季交换，唯美不变。正是：青鱼划水柴火灶，两头乌肉绕梁烧；天若有情天亦老，人间沧桑是正道。

赛熊掌赛过熊掌

去杭州龙井草堂，因时令过霜降，老板阿戴先生和柏师先生安排了一道"赛熊掌"。

熊掌在十年前，都是不得了的珍馐。满汉全席的"上八珍"里，不数一数二，也位列三四五六七。熊掌珍贵在稀少，山珍都有膻恶气味，居山林者，自然习之，未觉有异，泰然处之。"如入鲍鱼之肆，久而不闻其臭。"嘎嘎嘎。

1985 年后，团结湖烤鸭店卖熊掌是隐匿菜单，老顾客都知道，团结湖烤鸭店就不是一个纯粹鸭子店。那时候，大款以到团结湖烤鸭店来吃熊掌显摆身份。

上世纪全国大赛，如果想拿冠军，没有熊掌、鱼翅、鲍鱼、燕窝这类菜是不行的。冠军类的菜品要用珍贵食材，还要看厨师的身份。

北京贵宾楼的总厨刘国柱，在第三届全国大赛上做"红烧熊掌"，拿了冠军。沈阳鹿鸣春大厦的全国烹饪状元刘敬贤是做"兰花熊掌"的专家。北京长征饭庄杨志师傅则做"赛熊掌"出神入化。丰泽园饭庄王义均先生的"云片熊掌"登峰造极。

后来，国家将熊掌列入野生动物保护名列，烹饪熊掌成绝响。

给熊掌去毛是细活，要老师傅才能干。老师傅让大徒弟干，大徒弟又带着师弟干。褪熊掌毛有诸多方法：有用火燎的；有用松香粘的；也有不得其法，生拽的。去毛最怕熊掌皮有破损，连毛带肉拽下来，熊掌卖相就难看了——这难看是大师傅的脸面难看。最得法的是我师父王义均先生的法子，他煮熊掌，火候恰好时，趁热将老皮剥下。揭下老皮的熊掌白白净净的好看。去完毛的熊掌还要去骨，去骨更要小心，去掉大骨再去小骨，脚趾骨去掉，五个小指头还要整齐完好。其实这都不难，难的是一般厨师见不到，所以珍稀。

熊掌有一股难闻的味道，去除这味儿，要反复出水，水里要放花椒、葱姜、黄酒。异味去尽后，再入味。入味用尽天下美味，如火腿、口蘑、瑶柱、老鸡、好酒。熊掌贵，贵在辅料上。那时人工不值钱，放到现在，一个大师傅要费十天工，你花个一万两万的，只让你听听——现在谁也不敢做了，只能讲故事。

熊掌做得好，火候要好。火候就是用火的时候，老百姓的话，火候到了才能揭锅，说的就是这个意思。熊掌火候好，是软烂，可以用勺抿着吃，四川人说是"粑"，餐饮行话是软烂去骨不失其形。

再说有一年我去成都。大晚上的十二点，金牛宾馆总经理冯绥生先生打来电话，说要带我去吃宵夜。迷迷糊糊地跟着走了。车开了估摸四十来分钟，说是到了郫县。进了县城，电灯昏暗，人影竖长，七拐八拐，在一街老房子前停下：是一卖蹄花的铺子。门楣有匾额，题着"周蹄花"。蹄花白白胖胖，酥烂肥香，一口一只，含在嘴里，抿着往外吐骨头，再吐出肉来，蘸土酱油、油辣子，还蘸着口水吃。

柏师家龙井草堂的赛熊掌珍贵。贵在柏师懂得在这时令做这等奇葩美味，我懂柏师心。

柏师说，这赛熊掌要用两头乌的左前爪，熊掌也是左前掌香。这是行话，就像土匪行话，天王盖地虎，宝塔镇河妖。柏师说了这话，你要表示震惊，这震惊就是回答，他知道你是行家。

柏师的赛熊掌赛过熊掌，熊掌没有它香，也赛过蹄花，蹄花没这名字金贵。

文字大家胡赳赳给我解释：赛这个字，由塞分化而来。塞的字形是手捧实物充于屋。《汉书》有"冬赛祷祠"句，赛有"报神之祭"的意思。故许慎说赛者报也，向神祇报告一年的收成。赛时众人聚集，难免互相切磋。便又引申为博戏、较量、竞技。

互相比较即为赛。你有好的，我的更好，叫胜或超。你有好的，我的也不差，堪称一个等级，可以比一比，那就叫赛了。赛武当、赛金花，不一定比正牌要高明，但可以比附，也不见得是高攀。

去骨蹄花酥烂形整，白净漂亮，肥香丰腴，蘸了他家的土酱油，香得张不开口。这时也不想张口，再说一句都是多余。

杭州江南渔哥的宁波腌鲜合一

杭州阿蔡的饭馆叫"江南渔哥",从名字上看,他家卖的菜一个是"江南",一个是"鱼"。阿蔡是宁波人,卖鱼天经地义。那江南是什么味?

每一个江南城市,都有一个江南味;每一个乡村都有一个江南味;每一个江南人,都有一个江南味。

宁波咸鲜合烧,著名大汤黄鱼;上海浓油赤酱,别味腌笃大鲜;杭州清油清淡,逆转梅菜扣肉;台州原汁原味,却有十八肉斩;苏州精细时令,最是蜜汁火方;潮汕清淡甘和,巨毒腌鲜生蟹。

似乎这些点连成的线,交织在一起,都和腌相关联。

靠山腌生肉,靠海腌鱼鲞,农村腌雪菜,城里腌小生。

舟山、宁波沿海山珍海错丰盈,吃不了,只得腌了,到小月吃。还有一说,过去深海捕捞没有冷藏急冻,出海一仓粒盐,还回生鲜腌获。

腌,《说文》言"渍肉也"。"奄"字从大从申,是指大范围延伸覆盖。腌是形声字,大面积盐渍肉类之意。肉类腌制,蛋白质转化为氨基酸,故有鲜味。

沿海腌法,成就中国绝佳一词:鲞。鲞是沿海先民的发明,历史悠久。著名鲞味有鳗鲞、黄鱼鲞、鮸鱼鲞、带鱼鲞、鱿鱼鲞……

问了我的文字老师胡赳赳,说鲞(xiǎng)字《说文解字》未收录,甲骨金文未见,可能是俗字。南宋诗人范成大认为字形是上美下鱼,《集韵》(宋)称鲞为"干鱼腊",最为肯洽。腌制风干,得鱼之美,即成鱼鲞。此字当可推测为渔民所造。

为何鲞其音为"响"?我想是不是鱼讯之时,海上捕捞,但闻黄鱼咕响声不绝，耳听其响，念其味美，便以响为音，以美为形，始造其字。

鲞虽咸却鲜，肉鱼等蛋白质经过盐腌发酵，蛋白质分解氨基酸，鲜味增加。老鸡老，肌肉中肌酐酸鲜味多，老鸡走地，鲜味聚集，所以美食家喜欢老鸡。

这次阿蔡没有给我做沈宏非先生爱吃的黄鱼鲞炖猪手，做了更独特的一味，野生江鳗筒炖神鲜鸡。这鸡叫"神鲜鸡"，鸡的神仙姐姐。

一锅咸鲜合一，端出阿蔡满满心意。众人呜呼哀哉，鲜成神"鲜"。

更有一吃，阿蔡做"溏心神鲜蛋"。

阿蔡不让服务员厨师操作，自己亲自往汤里卧鸡蛋，鸡蛋小巧，有双黄甚至三黄。阿蔡一边一只只往鸡汤里煮蛋（应该是下蛋），一边看鸡蛋的熟度，为每人都能吃的是溏心蛋。溏心蛋，卧在鸡汤里，就像爱情在结晶。

在阿蔡家"江南渔哥"，领教了宁波菜的腌鲜合一，突然想，"鱼羊鲜"是不是用鲞和腊味合在一起？趄趄说鲜字乃鱼名。《说文》称此鱼出貉国。《续通志》言此鱼"色黑，身长五丈"。貉国即鲜卑族一带，远及朝鲜。貉为一种食生鱼肉的动物，为貉国图腾。鲜后引申为生鱼片。鱼羊相合为鲜是俚俗理解。

临走，阿蔡又煮了一锅象山石浦特色点心"肉包汤圆"，我真是美翻了。宁波汤圆最是细腻有味，我在宁波大厨楼承斌的"宁波美宴"家吃过，咬一口爆浆，香、甜、鲜、滑、糯，满口浓香，烫了上颚，留下幸福回忆。

过千年，我被后人戏说，一定是腌渍过的躯体某部分。

邵忠用宰牛刀做鸡

厨师可以做美食家，美食家是做不了厨师的。

厨师要经过训练，像庖丁一样，刀在牛骨中游离切割。切肉丝、鸡丝切得像火柴棍；做"爆炒"，专业术语叫"火中取宝"。

电视里美食节目，菜下油锅，腾升一团火，只有在那一瞬间火候合适，说的是火候的精微奥妙。《吕氏春秋·本味》有说："鼎中之变，精妙微纤，口弗能言，志不能喻。"

鲁菜的油爆双脆如是，"双脆"是猪肚仁和鸭胗两样，这二位本是韧坚之物，如果炖煮，需长时才得酥烂。"油爆"法，却可使其一瞬间软嫩。好生奇妙。

我曾在汕头林自然先生家吃"过桥腰片"，腰取乳猪，片片极薄，三番去骚，五镇冰水。汤浮热油上桌，推入腰片，腰片脆嫩，蘸味碟。所有前期费工，都是为入口后的脆和嫩。

林自然是美食家，热爱美食，把爱好当了手艺。在汕头做了"大林苑"餐厅，又给中国足球队做餐食教头。林自然像他的名字，自然率真，好吉他，好美酒。我曾在写他的一篇文章里说"自然一味，有功德"。他做饭乐此不疲。客观说，他是从美食家入了"勤行"。

半路出家的厨师，一般擅长烧、煮、蒸、炖类，玩火的菜肴美食家做不得——因为有自焚的可能。

文人雅士是不屑美食家称谓的。美食家有点纨绔味道。陆文夫说他本是作家，社会人士总称谓他是美食家，最后他无奈说，说我是美食家，我就算美食家吧。

对于厨师来说，美食家是指点江山者，是引路人。巫德华先生说，美食家有见识，他们吃得多，有辨识，识好货，说得出，写得来。厨师愿意和他们交往，经过美食家指点，厨师往往大有长进。美食家能说不能做，或者不屑于做，不是不屑于做厨房，是不屑于做厨师，孟子言"君子远庖厨"。

现今，厨师远游，有了见识，也可做美食家。好厨师的标准提高了，好厨师应该是美食家。胡赳赳有对句送我："山水皆心地，君子即庖厨。"一革孟子之言。

君子做庖厨，说明专业也不单一，专业的范围在扩大。现代美食是科学的，艺术的，跨行业的，多学科交杂的。恐怕世界上没有任何一个行业，像美食这样需要这么多学科去解读。郝舫说，美食是"总体性艺术"。

有生命就有食。食从原始到未来，从单一到复杂，可哲学，可文学，可物理，可化学。我相信单一细胞核氧核酸中有食的信息；宇宙十二维，有食神在主宰。

邵忠很敏锐地捕捉到：前卫就是多学科的交杂，是艺术和实践的完美结合。他知道吃饱后，人类会产生一切冲动和需求，原始更原始，艺术更艺术。

没有吃饱的冲动苍白，虽然歇斯底里，却不饱满。诸多事是吃饱了撑出来的，也有诸多事，是饿死鬼饿出来的。梵高是后者。

邵忠是现代传播的老板，他旗下的时尚杂志，从 1998 年起，以"中国精英、全球视角"引领中国媒体界，社会风潮。现在将以"而今迈步从头越"的姿态，对《周末画报》以及 *iWeekly* 进行颠覆性的革新，以 1000 期为契机，重新塑造中国精英新时代的文化和品味标签。

上海黄浦区建国中路 10 号的八号桥是他的现代传播的艺术中心。艺术中心有一个餐厅：Modern Art Kitchen 艺厨。这里处处装饰着各类艺术藏品，强调艺术、美食和灵感的主角地位。

餐厅有明显的邵忠味道：先锋性、高雅、经典融合。专业跨界，跨界专业，这是不是潮流？想必他是初潮，而后社会高潮。

菜单是邵忠自己设计的，上海式的洋味儿。中国人看他是西餐的洋味儿，外国人看他是上海味道。

邵忠家族有美食传承，少年邵忠在美食味道里长大。骨子里有美食天分，家里有美食方子。尤其是盐焗鸡。他用地道的沙姜磨粉炒准盐，做盐焗粉，只这一点就够传统。现在厨师是做不到的。

他给我做盐焗鸡。为了做好这个鸡，专门去崇明岛找来够肥嫩的三黄鸡。把家里的电饭煲带了两个来。一个煲饭，一个焗鸡。盐焗鸡做得和广东粤菜南天王鲍鱼王子麦广帆一样水准——麦广帆不只鲍鱼做得好，盐焗鸡同样出彩。

那天吃邵忠做的盐焗鸡，出了一个插曲。邵忠把最肥嫩的鸡翅膀和大腿给了我，又盛了一碗米饭，鸡汁混合米饭，亦香亦美，不亦乐乎，很快吃完了，就放下筷子，我以为没有了。邵忠看我说，是不是不好吃？我说好吃，可惜没有了。邵忠说有呀，有呀！我再给你盛。原来，他在旁边还焗了一只鸡，给我备着呢。

我有很多理想，邵忠的这个餐厅就是我的理想。邵忠的品味也是我的理想。美食之美是艺术的，艺术需要素养，素养有后期养成，也有先天先觉，先天是天才。我相信天才论。

好＝素养＋品位＋审美＋专业＋前瞻＋传统＋见识＋坚持

他做这个餐厅，亲自设计环境，亲自设计菜单，亲自设计菜品，亲自找食材，亲自烹饪。还亲自为客人点菜，亲自陪客人吃，还要请客人白吃。

邵忠很前卫，做美食只是玩票，但是这票玩儿得却比专业还高明。所有做的事，只为人家说一个好。

邵忠是媒体艺术家，是生活艺术家，是大家。近庖厨这事，还是玩玩票而已吧，另外，请人白吃这事也要少干。这里的前卫、艺术、时尚气质，足够吸引品位一族前去欣赏。

那家小馆老咸菜炒猪皮，引来沈宏非

京西有古道，西去晋蒙，为商旅军路途。悠悠几百年，留下几多传说。

一说马致远《天净沙·秋思》作于古道，感怀凄凉景色，羁旅孤苦惆怅情怀，至景深远。清初，纳兰容若观西山红叶，词泛秋意，感怀深厚，细曲委婉。寂寞如花的名字，温暖如雪的记忆。

京西香山脚下，"一颗树"旁，有一饭馆："那家小馆"。小馆主人那静林先生，满族正黄旗人，干练英俊，有祖辈英武气势。那先生祖上1748年入住西山。大多北京人，不过三四代，算不得纯粹北京人。那先生家祖上世代居北京西郊香山，祖上私宅已有二百年。"那家小馆"在此基础上改建而成。纳兰容若和那先生同为正黄旗，这倒是有点意思的。

那家菜，是正统北京菜。什么是北京菜？北京菜由这些组成：宫廷菜、官府菜、饭庄菜、宅门菜、北京山东菜、清真菜、家常菜、回民小吃、以全聚德便宜坊为代表的烤鸭等等。

这些标签在"那家小馆"都有体现。那静林先生的厨师身份可正统了，他在北京饭店学的徒，师从五十年代北京饭店四小名厨的魏金亭先生，魏先生的师父是谭家菜的罗国荣大师，罗大师的师父是谭家菜四姨太的亲传弟子彭长海。

那静林后来去了贵宾楼，在那里做全国有名的"大碗翅"。他把这地道味儿带到"那家小馆"，结合祖上方子，成了菜单上的"皇坛子"。

知晓那静林身世，只因我和他是师兄弟。清楚北京菜的界定，是二十世纪九十年代，北京市服务总公司开会，定义北京菜，我参加过讨论。简单说，北京菜是北京人做的菜，有北京人的讲究。经过二百年的演变，宫廷里的菜、民间里的菜在这里交汇。那家菜成了北京菜正味。

单说菜单里有一道菜，是个老味道。沈宏非先生前来就餐，引了兴致——这道菜是"老咸菜炒肉皮"。

这道菜做起来不难，但这是有故事的菜。北京人有做肉皮冻的习惯，入秋天儿见凉，肉皮加酱油与黄豆同煮，晾凉成冻。吃时切块，拌米醋、酱油、香油、蒜末，也是一道桌上菜。

"老咸菜炒肉皮"极具味道。老咸菜是腌咸菜疙瘩，腌的时间长谓之老。老到什么时候，少则四五年，长的可当文物。过去老百姓，到了秋冬就要腌咸菜。秋冬以后，以咸菜度日，咸菜是看家菜。可以拌着吃，也可煮熟了，炒着吃。炒咸菜疙瘩丝，别有一番风味儿。

老咸菜要用水反复漂洗，洗去盐味儿，然后煮熟。煮熟的老咸菜，没了脆口，增加了绵软韧劲儿，有嚼头。这时的老咸菜，咸里泛出香来。

做猪肉皮，要细致。肉皮要刮干净，尤其是毛要择净。还要去掉肉皮上的油，肉皮也要用水焯个两三遍，去掉油腻味儿。然后用老酱汤，把肉皮酱熟。

肉皮要酱七成熟。不可九成。七成熟的肉皮晾凉了切丝，和老咸菜同炒，口感正好。九成熟的猪皮丝再炒，口感就绵软了，没了嚼劲儿。

如果有泛着绿的腊八蒜，再放点青豆，绿莹莹的好看，可提味儿了。爱吃辣，加上辣子炒，味道更丰富。

"老咸菜炒肉皮"其貌不扬，在饭桌上却大受欢迎，空口吃咸淡合适，味道香美。老咸菜不咸，口感有嚼劲。混着皮丝，越嚼越香。就着主食吃，一两个馒头，一两碗米饭，不在话下。

沈宏非先生是空口吃的，只就着"皇坛子"，咸菜为主，大菜为辅。这吃法有新意。

西山秋天，黄叶渐红。当年马致远走古道，歇歇儿吃饭，饭桌上老咸菜炒肉皮，触发"古道西风瘦马"？词人或思古幽情，或忧国忧民，人生感慨万千，词人吃大块肉和小菜，抒发感想是不一样的。吃大肉作雄浑诗词，吃小菜作小令。大致如此。

吃藕粉的季节，想妈妈

我知道两个"三家村"的故事。一是邓拓（马南邨）、吴晗、廖沫沙三人。《北京晚报》有三人副刊专栏"五色土"。三人在北京市委理论刊物《前线》上合作开辟"三家村札记"杂文专栏。印象最深是看邓拓《燕山夜话》：生命的三分之一；变三不知为三知；生旦净末丑；姜够本；种晚菘的季节等。

另一个是八竿子打不着的莲藕。

说莲藕，能想起什么？湖北名菜——排骨炖莲藕，天山雪莲和湘莲做的甜羹——冰糖双莲，有湘莲蓉最好吃的月饼，过年要吃的炸藕盒。

苏杭有藕粉鸡头米、藕粉煮莲子、藕粉煮百合。到了潮汕，藕粉煮姜薯是好甜汤。

有一年去汕头，吃晶莹剔透的汤圆，能看见圆子里的芝麻汁。问了，说是杭州"三家村"的藕粉——原来是藕粉汤圆。

时时想去看甜美如乳汁的藕粉产地。到出藕做藕粉的时候，又想去杭州"三家村"，看出藕粉。

最终没有去成。

倒是看 @ 钱江晚报·小时新闻记者 @ 柏建斌先生文字，对莲藕有更多认知：制作藕粉的老莲藕，以余杭崇贤街道三家村为最佳。范家角是三家村的一部分。这儿的塘泥深而肥沃。三家村藕粉，色泽微红，清香扑鼻，自带淡淡的甜味。

加工藕粉，要用水冲洗莲藕，反复搓去莲藕表面的泥锈，切去藕节及根系。

"春藕"，就是不断将莲藕在"刨子"上，碾碎成泥。洗粉再过滤。过滤次数越多，藕粉纯净和细腻度越好。

@陈晓卿《舌尖上的中国》有说藕一集。藕顿时成为偶像。

这些足够去想象莲藕。我对藕的全部认知，是儿时模糊的、残缺的、唯美的印象。藕的甜美，让我总是想念妈妈。

我的妈妈离开我，已经有将近四十年，我越接近当年妈妈的年龄，越是想念妈妈。

妈妈没奶水了，只有黑的奶头，儿子含着，嘴满足了，肚子还叫，就用哭向妈妈要吃。妈妈无奈，用开水调藕羹，一勺入口，甜润滑香，一边幸福吃，一边泪眼汪汪看妈妈。在妈妈怀里，温暖踏实。

现在正是吃藕的季节。

不知道周敦颐先生在江西写《爱莲说》，是何场景。爱莲一说，写荷花品质出淤泥而不染，象征高洁。我们这一代人，几乎都能背其文句。在我看来，爱莲一说，应有更大抒情，可以把莲藕的洁白喻作妈妈的乳汁，那才是香清益远，甘甜唯美，是我心中最美的"爱莲说"。

那些你不知道的厨房"腰骚"趣事

人生的第一口骚，影响到现在猪腰做菜，要去掉中间的白筋膜。白筋膜叫"腰骚"。片掉的腰骚扔掉了吗？没有，吃掉了。

学徒有规矩，其中之一：不能和师傅坐在一桌上吃饭。

饭馆不像大家想的那样，好像什么都能随便吃——饭馆有职工食堂。也有例外，大师傅们摆老资格，可能在餐厅吃饭。经理不好管，也就睁只眼闭只眼，随了去。

大师傅们多数时候吃什么呢，也是吃职工食堂，只不过徒弟们去打饭。食堂的饭总是素油寡水的，差不多也就是土豆系列、白菜系列、粉丝系列，馒头、花卷、米饭、窝头、烙饼。一个月里边有一两次，炖个排骨，熬个鱼。总吃这样素，大师傅们肯定就要想办法了。一般会把下脚料头做了吃，比如通脊肉的筋膜、鸡的骨头。还有一样儿，就是吃片下来的猪腰骚。

猪腰子是骚的，猪腰的筋膜更骚，行话叫"腰骚"。

切猪腰花儿，从猪腰中间一片两半儿，每一半儿上有筋膜儿，筋膜儿要全都片下来——猪腰子上带筋膜，一是猪腰带骚味儿，重要的是不好下刀切：下刀轻了，不断；下刀重了，会把猪腰切烂。

腰骚是舍不得扔的，大师傅们总有办法把它做好就酒喝：片下来的腰骚再细细的片成薄薄的片儿，用沸水焯得透透的，去骚味儿。焯过放凉水里，用活水冲。

即便这样，焯掉了一部分味儿，骚味儿还是很重。

腰骚儿不能烧或者煮、炖、熬。做筋膜只有一个办法，就是爆炒。爆炒要用烈油，烧八成热，油锅冒烟了，把焯好的腰骚儿投入油锅，哗的一下子，油星四溅，油锅生起一团火，大师傅从火里将腰骚扣回漏勺，回手再将兑好的碗汁儿，在热锅里爆炒。出锅淋上花椒油。只有爆炒，腰骚才嫩。

为了去骚，要把大蒜瓣拍松、大葱段儿斜切、老姜切末，用熏醋、老抽，还要青蒜，配上蒜薹、木耳，想想是不是很美味儿。

时不时的，留一盆勺拌儿。吃勺拌儿，要把从职工食堂打来的饭菜，罩在上面。其实，谁都清楚，那是在吃勺拌儿。

看师傅们吃勺拌儿、吃腰骚儿很过瘾。徒弟们不能上桌，只能看着。大徒弟和出了徒的徒弟，则可以和师傅在桌上吃。

看师傅们喝酒，吃勺拌儿，吃折箩，徒弟们馋得眼直勾勾的，像猫看到了荤腥。有时候师傅们也会夹一筷子，放自己徒弟的碗里。吃到师父给夹的菜，徒弟会趾高气扬地吧唧嘴，干活都有劲儿。

有一次，师傅也给我夹了一筷子腰骚——直接舂在嘴里，那口骚味儿太骚了。我不敢咀嚼，瞪着眼睛，一伸脖子，咽了。一整天不敢和人说话，怕一张嘴都是骚味儿。

过去住平房，大院里有公共茅房。夜里，谁都不愿出来，尤其冬天，除非拉屎，才会钻出热被窝去茅房。平房人家，都会预备尿桶。尿桶尿盆儿用上两天三天四天五天的，要热水烫。热水浇在尿盆里，腾起一股骚味，这骚，是被激活的陈年老垢。小时候，被爸爸逼着烫尿桶，难以忍受那股骚味，认为是世界上最恶心的味儿。烫尿桶增加我对父亲的怨恨，觉得尿桶烫不烫都是那个味道，尿桶里的骚味是烫不掉的。不知道他为什么要让亲儿子去烫尿桶。

师傅给我夹的那一筷子腰骚，就是尿桶味儿。人生里的第一口骚，影响到现在。

屈原作"骚体诗"，楚地诗人爱发牢骚，故多感叹词"兮"。骚，原义是搔痒捉虫、抚摸马背，后引申为情绪抒发。表现为文采，即成骚气。俗世以为，文气过于酸腐，就成闷骚气。所谓文人骚客，贬之则是不联系实际、钻牛角尖、裹臭脚布；褒之则为立言立德，文章千古好。

做菜，总觉得有点"骚味儿"好，骚味里有时尚，沾上骚味儿，觉得洋气。穿衣要有骚味儿，人不老气。要骚就骚到味儿上。

咽下去的腰骚，一直在肚子里，从里往外散发，觉得是朝气蓬勃、英气逼人。

立

冬

炸酱面（一）：为什么北京人爱吃炸酱面

北京人为什么爱吃炸酱面？

北京炸酱面的起源是个谜。有说，当年慈禧太后西逃长安，闻香路遇炸酱面馆，后带回北京。此说为戏言，不可信。

如果说不清北京炸酱面的起源，就按薛兆丰的经济学原理，谁做得好就认谁的。

炸酱面除北京之外，实则很多地区也有。但还是北京的炸酱面影响大，这归结两点：一是北京人吃炸酱面讲究；二是文人的传播。

炸酱面在北京这儿，四季不一。初春吃嫩黄瓜，仲春吃杨花小水萝卜，暮春吃香椿芽——最好是京东迁西的"贡椿"。夏天要吃过水的，冬天要吃锅挑儿的。

吃炸酱面讲究菜码，菜码要七碟八碗，春天没那么多菜码，就用豆儿凑：五香黄豆嘴儿，盐水黑豆，清水绿豆嘴儿，掐菜，黑豆芽，扁豆丝。这些讲究其实是将就，透出的是不自信，硬着头皮要面儿。

讲究还有：黄酱要用"六必居"的，面酱要用"天源"的；猪肉要用五花的；面条不能手切的，最好抻面"小把儿"的。

汪曾祺写炸酱面，没有面码的，叫"光屁股"面。梁实秋说炸酱面有起死回生之效。

北京炸酱面的讲究，真比不过文人的笔头。

民国时的北平，聚集了一大批文化人，有很多文化沙龙，读诗讨论。后离散到各地，怀念北京美食，多有文字纪念。唐鲁孙到台湾，自己做北平炸酱面，还创造出新的吃法：用"小金钩"海米和鸡蛋；关东卤虾炸酱；还说北平到了黄鱼季，一定要接姑奶奶回来，好好吃一顿红烧黄鱼。这还不够，一定要把黄鱼肉剔出来，用鱼肉拌面，固然不是炸酱面，可是鲜腴适口，比一般炸酱面尤有过之。

唐鲁孙先生写得出神入化，看得人不咽口水都不行。他说，这种大锅大量的红烧黄鱼，汁稠味厚，挽骨择刺，把剔出来的黄鱼蒜瓣肉，掺进少许猪油渣，加少许虾子油回锅再烧，拿来拌面。

鲜美温淳，清腴爽利，比起炸酱又别是一番滋味。

炸酱面（二）：北京炸酱

炸酱面，用"炸"，有牵强之嫌。炸法，油多食材少；炒法，油少食材多。从烹饪角度定义，应是炒酱。我揣测，炸酱是从发音气势上的命名，叫炸酱多阔气——感觉炸的肉块，不是肉丁。

我做炸酱，用五花肉，切骰子丁，肉酱比例，肉三酱一。

小碗干炸，前人多有说法。有的说要提前澥开，或用水或用酱油，问过家父，说并无定法。关键是把生酱炸熟。干，有香、熟之意。非为把酱炸干。酱为甜面酱和黄酱各半（或黄酱2/3，甜面酱1/3）。甜面酱遇热易板结，加水是便于翻炒，要不然热锅热油就凝结成坨。不加水，一定是老司机，手脚麻利，动作娴熟。酱刚下锅的时候，要勤翻底，防止糊锅。

我的炒法是：宽油，放八角；微香，放肉丁、姜末；出香味，放酱。

要勤翻锅底，一刻不停。这时会有油崩溅出来，把胳膊烫得斑斑红点。

酱是咸的，不可放酱油和盐。吃炸酱面，若肉丁少，透出小气。客人会跟路人说，"吃的酱炒盐"。

炸酱可加黄酒，如喜欢威士忌或干邑，也可加一点儿——炸酱溢出浓郁酱酒的香气。

干炸，就是将酱炸熟，酱变赫色（黄色是没熟），酱泡细碎，酱香浓郁。油溢出锅时，放葱米。

这时候炸出来的酱，肥肉丁晶莹剔透，亮中透红。酱炸透了，香味沉郁，舌根涎津，口水莹莹。

炸酱，可空口吃：夹肉丁，尤其肥肉丁，吃了上瘾，忍不住。把炸酱扎在烤面包片上，面包烤得焦香，热热的，再嚼肉丁（可有青蒜切末），是青春大姑娘所为，认为吃法有新意。

　　同样，刚蒸出来的大米饭配肉丁炸酱，可不用菜码，就吃汪曾祺说的"光屁股饭"，也能吃出春风十里。

炸酱面（三）：面

面条溯源，先要厘清小麦种植。

8000 年前，小麦种植出现在两河流域的美索不达米亚平原。经西亚、中亚传入黄河流域。

有据可考的是，5000 年以前，埃及人食用发面做成的面包（扁面包）。与此同时，波斯人带着小麦从西方到来中亚（新疆）。他们带的麦种来自美索不达米亚地区（伊朗、伊拉克）。

3000 年前中国人种植小麦，2000 年前开始大面积种植。新疆火焰山考古发现 2500 年前的古墓葬群。里边有石画，刚出锅的馒头和面条栩栩如生。

公元前 139 年，汉武帝派张骞出使西域，开启闻名于世的丝绸之路，张骞也将中亚的小麦面粉传入中原，从此小麦发展了面条，开启一片新的旅程。新疆是中国面条诞生地。

山西下川文化出土的石磨盘，表明一万多年前的山西，已经有碾碎谷物的初步食物加工。武乡县石门乡出土约 8000 年前的器物也有石磨盘，证明山西谷类加工用具一以贯之，是我国最早首创石磨工具地区之一。

石磨和面粉一结合，迸发的力量是惊人的。石磨盘使小麦碾粉，从粗糙到精细。淀粉颗粒细密，面粉分子粘性增加，分子链还可通过后期人工抻拉增加长度。

山西面食四百多种。烹制法十余种；山西面食的操作技法有三十余种；山西面食每个品种有不同的口味；如此蔚为大观，令人食心大动。山西面食花样繁多，制法多样，在中国、在世界面条史上占有重要地位。

最早的手工拉面，在山西诞生，拉面劲道，口感爽滑——这与当地的水质分不开。碱性水增加面团弹性。某些地区如干旱，湖边就会泌出白色苏打。一公斤的面团，可以拉出 500 公里长的细面，这是水中物质的神奇作用。

山西的面食文化是靠晋商的足迹传播开来的。清人徐珂《清稗类钞》载："京师大贾多晋人。"山西商人在北京把持和垄断了许多行业，其中"六必居"酱园和"都一处"烧麦馆是两家最为著名的山西食品商号。

小麦从中亚传入中原，在黄河两岸，催生出璀璨面食文化。往南往北，面条发生神奇变化。

西北部能随意抻拉面。新疆有拉条子，兰州有拉面。在兰州随便一个饭馆，一口大锅，一个小伙子往这儿一站，听客人话音，话落，三把两把一抻拉，丢在锅里。锅开水沸，捞出，浇上牛肉汤，一碗面做好了。

到现在，有北京厨师不知道抻面要加蓬灰。我和朋友谈过兰州拉面，朋友神秘说，兰州厨师拉面，其中"有料"。

北京饭馆抻面，如果没有好力气，是抻不出一把面的。北京能抻面的都是专业厨师。北京人懒，家里吃面，"没料"也没力气。只得吃挂面（切面）。一般家庭吃的是切面，至山东完全是切面。秦岭淮河一线，是中国地理南北分界线，也是水稻小麦种植区分界线。武汉人早晨吃热干面，中午、晚上吃米饭。蚌埠人吃汤面，也吃米饭，蚌埠人到北京才知道，面条可以从面锅里挑出来吃，干着吃。

面条往南，到苏州，都是切面。苏州水乡，江河湖水，水网密布，水质酸碱值呈中性，面粉适合做切面。苏州人精细，吃面有讲究。陆文夫所著《美食家》的主人公朱自冶每天要到"朱鸿兴"吃一碗头汤面。我在苏州吃过各类"浇头"面，美食大家华永根先生请我吃卤肉面，至今回味。这些面都是切面。

面条发生的神奇抻、拉、切变化，源于西部干旱少雨，地下水盐度高。东部水量丰沛，水质 PH 值呈中性，面团延展性降低。发现自然，顺应自然，一碗面条千变万化，神鬼称奇。

面粉由一颗种子到发育成熟，从粗粉到细粉，是一部小麦的种植史以及面条的发展史。

一粒微尘包括了整个宇宙。

炸酱面（四）：酱

中国人以黄豆发酵做酱。战国末期出土的竹简，已有"菽酱"记载。

长沙马王堆汉墓也出土了一堆深褐色物体，鉴定认为是豆豉或豆酱。

西汉元帝时代，史游在《急就篇》中载："芜荑（wú yí，木名，姑榆，叶果皮可入药，仁可做酱，味辛。又名无姑）盐豉（豆豉）醯（xī，本意指醋）酢（cù，同"醋"，酸醋）酱。"唐颜师古注："酱，以豆合面而为之也，以肉曰醢（hǎi，肉酱），以骨为臡，酱之为言将也，食之有酱。"酱，又何以名"将"呢？据说，在古代各种调味品如盐、梅、醯、醢中，酱总是居于主导地位。如食脍，就得用芥酱，吃煮熊掌，就得有芍药酱。这就是《论语》中所记载的"不得其酱不食"的"酱"。古人还说："酱者，百味之将帅。帅百味而行。"

华北、山西、山东、东北，老百姓家都会做酱。

山东是面酱，叫晒酱（甜面酱）。晒的时间长，颜色深，褐色。晒的过程中加水，酱稀而淡。东北是大豆的主产区，老百姓日常吃食离不开酱。

我的一位同事是东北人。她说，东北人家，都有酱缸。每年农历二月始做酱。先煮黄豆，煮到软烂。用绞刀子绞成泥，又捏又摔，做成"酱块子"。包上黄纸，晾着，慢慢发出一股子酸腐的味道，长出黑毛——总想离那堆东西越远越好。

东北天冷，有时"酱块子"不发酵，便架到屋里炕梢——那一屋子的味，不能想。到日子，把酱块子掰小块，刷洗黑毛，晾干，放到酱缸，兑上盐水——就开始发酱了。

酱缸要放在大太阳底下，平时用透气白棉布盖着。下雨则一定要遮好，说要是进雨水了会生蛆，恐怖。

每天早晚，要用酱扒子打一百下，每下都要到底，再拽上来，看着黄糊糊黏糊糊的酱翻滚着，中间会有白色不明物体或杂质出现，要用小勺撇出来。

随着温度升高，酱满涨起来，会冒小泡泡，味道真说不上好闻。感觉又咸涩，有股子腐败变质的味道。

东北大酱的颜色有黄褐色的，也有发的好的，金黄金黄的。大酱里有漏网的豆碎，和婴儿拉的东东极其相似，又稀又粘又有颗粒，像尿布上黄汤里渣子，一样一样滴。

虽说感官不雅，但是东北吃酱真是家家具备，有人家酱稀点，会再加点炒熟的豆面，酱会更好吃。

北京炸酱面有名，和酱园的品质优良有关。

北京六必居酱园是山西临汾人赵存仁、赵存义、赵存礼兄弟于明朝嘉靖九年（1530）创办的（邓拓从六必居大量房契与账本中考证，大约创建于清朝康熙十九年到五十九年间），是京城历史最悠久最负盛名的老字号之一。说买黄酱到"六必居"，吃甜面酱到"天源"，还有"桂馨斋"，其实，都是一家。

六必居有一个说法是：黍稻必齐，曲蘗必实，湛之必洁，陶瓷必良，火候必得，水泉必香。"六必"在生产操作工艺上可以解释为：用料必须上等，下料必须如实，制作过程必须清洁，设备必须优良，火候必须掌握适当，泉水必须纯香。这"六必"是酿酒的讲究。

"六必居"老掌柜贺永昌先生，说他自学徒时起，只知道六必居售"开门七件事"中的六件，除了茶叶不卖外，柴、米、油、盐、酱、醋六样生活必需品都卖，所以叫"六必居"。

六必居最出名的是它的酱菜。有十二种传统产品，最主要是稀黄酱。酱味浓郁，咸甜适度。

六必居自制黄酱和甜白酱，黄豆选自河北丰润县马驹桥和通州永乐店，这两个地方的黄豆饱满、色黄、油性大。白面选自京西涞水县，为一等小麦，这种小麦粘性大，六必居自行加工成细白面，这种白面适宜制甜面酱。

六必居在各地制酱品质中，质量最好，信誉最佳。

再说炸酱，宋元时期，肉酱作为旅行调味品，可蘸饼、拌面，已成常有。

北京、山西、山东、河北、东北都有炸酱。

北京黄酱和其他地区相比：北京酱比山东的颜色要浅，因晒制时间短，基本不放水。北京小碗干炸，也因酱之故。

王仁兴先生 2001 年到韩国长城饭店，经营山东胶东风味炸酱面，一碗酱往碗里倒。似北京打卤面稠度，黄色，不咸，一再强调这是中国正宗味道。这稀而薄的炸酱，东北山东样子。韩国人，这多年没有进步，倒一直保持中国部分地区炸酱的原貌。

京城首善之区，天时地利人和，得天独厚。各地优良物产，能工巧匠和最高消费市场，成就京城美食尽善尽美。

酱良、肉好，火候足，有美食家群体，再卖膀子力气，抻出"小把面"，北京炸酱面，出了名。

美食，大到世界美食融合，小到北京炸酱面，fusion 恒古不变。大风味保持，小风味调整，追求完美是万变中的不变。

北京炸酱面，到了大董家这一代，肉酱比例达到三斤肉一斤酱。这碗酱，色泽金红，油光铮亮，肉丁透泽，酱香油香面香。它仿佛从远古走来，从未停止，和我们相"拌"，走向未来。

炸酱面（五）：唐鲁孙炸酱面

北京小吃很传统，这几天又给翻出来，炒得很热。历史就像北京炸酱面，可以揉得很软，也可以揉得很硬，可以做成一根面，也可拉长七百公里，是你想把他们怎么样。

北京炸酱，就是用油炒酱，放的油多了，叫炸酱了；后来又把肉加进去。民国后，炸酱基本定型。有纯黄酱的有黄酱加甜面酱的；黄酱和甜面酱还要七成黄酱三成甜面酱的。老百姓和饭馆里做法也不一样。老百姓各家也有各家的做法。

唐鲁孙去了台湾，写北平的吃食，引得一些北平离乡古旧，乡愁和口水一起涌出。

他写炸酱面，有朋友照着法儿，在家做着吃，吃完不过瘾，问炸酱面还有别的做法没有。这逼的唐鲁孙炸出新吃法：舍间研出一种新法作酱，不用肉丁肉末，而用虾米和鸡蛋，渤海湾青岛烟台沿海一带有一种小虾米，北平海味店称它"小金钩"，只有两三分长，通体莹赤，鲜度极高，吃的时候用滚水泡上半天，虾肉才能同软，鸡蛋另外炒好打散，葱姜边锅将酱炸透，然后把鸡蛋虾米一块下锅炒好，拿来拌面。

昨天我按唐鲁孙的方儿，吃了一顿。感觉虾米很香，抢了酱的香味。同时尝了肉丁炸酱，尤其里面肥肉丁子裹着酱，拌在面条里，用什么词去形容这个好吃呢？只有两个字，过瘾。

吃炸酱面，有好酱，还要有好面。在北京在全国的家庭里，吃任何味道的面，面好才是好。家里面要是有一款伸手就得，像自己手擀的面或是大师傅抻出来面，那是幸福。

"韩熙载夜宴图"一直流传至今的一道菜

斯人已逝，腰片长存

五代十国，缤纷错乱，异彩纷呈。南唐上至皇帝下至臣子，文学素养都是登峰造极，政治才能却是纸上谈兵，将南唐初期的殷盛挥霍得一干二净。

乾德五年（964）秋夜，后主李煜派顾闳中和周文矩两位画院待诏参加韩熙载的一个晚宴。顾闳中和周文矩凭画家的心目记忆，将夜宴的场景，绘成纪实长卷呈给李煜。

年轻时的韩熙载一腔抱负，豪气万丈。一到晚年，做出多少荒唐之事。

曾经才华横溢、立志报国的韩熙载，竟放荡到如此地步。

两位画师做夜宴图，看韩熙载在这场夜宴里，是颓废，是虚张，是荒唐，是悲凉，还是看到后唐江山大厦将倾，看到自己的画像？

这些都是猜测，都是关于这场夜宴的话题。

我要和大家说的是，夜宴的菜单中，有这样几道菜，堪称绝响。

腌制大冬蟹、鲍汁焗花胶、清蒸海红斑、普宁豆酱焗蟹王、过桥腰片、黑虎掌炖老鸽汤、传统大虾枣、北海沙虫干、松仁金瓜煲、砂锅鱿鱼粥、杏仁燕窝、（小菜）腌制蒜头、甜橄榄……

林自然先生，汕头美食大家，时任汕头美食协会主席。2014年后，在他的一场晚宴中复原了其中的几道菜，尤以"过桥腰片"为甚。

大家吃得兴高采烈时，服务生端上来一个石锅，翻滚着热汤。又见林主席亲自端来一大盘生鲜腰片。他示意，在热汤中烫一下就可。

加工猪腰是个细活儿：先要去掉筋膜，片去腰臊，用清水浸泡半小时，片薄片儿，改成对半块，冷水浸泡一小时。然后用石头锅倒入上汤，八分满，加盐，黄酒上炉，烧至沸腾。将腰片从冷水中捞起，焯至六成熟，盛入容器。吃时，先把沸腾着上汤的石锅端上餐桌，立即将腰片倒入拌均。

　　腰片没有一点骚味，只剩鲜香。沾食则用鱼露拌了的辣椒酱，奇妙无比。腰片处理用冰水，然后热汤烫食，一冷一热，腰片达到酥脆利口之境界。汤是上汤，滋味浓郁，价格不菲，口感微咸，烫的腰片有了美味。

　　一个美食家，承接传统美食不拘泥传统，将现代元素融入传统美食之中，并不断精致，把一个地方美食，让全国美食行业高度瞩目，让众多美食家还有厨师趋之若鹜，并由此拍高了潮汕菜的地位，这才是一个人的功德。

　　江山易改，世事沧桑。食与美食家，所扮演的角色，人间有格，粉墨人生。

　　自然一味儿，有功德。林自然的"过桥腰片"，令人回味。

餐馆留"勺把儿"和偷情一样刺激

"折箩菜"和"勺把儿"

《舌尖上的中国》有一集故事，说一个小伙子专做红白事的"跑大棚"营生。这种大棚菜，会有剩菜，这种剩菜全折在大盆里，事后，分给左邻右舍吃。

餐馆职工也吃折箩菜。常看到职工吃饭时，几个师傅凑到一起，将餐厅客人剩下的酒拿来喝，顾客没动过的的菜折在一起（折箩菜），热了吃。

"折箩菜"好吃！没有固定味道，完全看客人剩下什么菜，有时一个菜的量大，就将这个菜单独放一起，大多时候都是几个剩菜"折箩"在一起，味道很复杂。

并不是每天都有"折箩菜"吃，大的宴会或者聚餐才有折一些。如果没有或者很少时，师傅们就要留"勺把儿"了。留"勺把儿"要配菜师傅和炒菜师傅配合默契，配菜师傅将客人点的菜量多抓出一些来（比如标准是 3 两，抓出 4 两），炒菜师傅一般不问，每天他都炒这些菜，每个菜是多少量，他心里明镜儿，一个菜多了，炒出来后，就将多出的量留出来，这就是留"勺把儿"。

很多时候，"折箩菜"是幌子，吃"勺把儿"是真。吃"折箩菜"没人管，不违反店规，留"勺把儿"被经理发现（往往厨师长和师傅们一起吃"勺把儿"，大家都提防着经理），就要扣工资。炒菜厨师的接菜案台下，有一个大饭盆，留出的"勺把儿"就藏在盆里。"勺把儿"很杂，不管什么菜都放在一起，有时还要搅拌搅拌，这样就多少像"折箩菜"了。

留"勺把儿"，配菜师傅小心翼翼；炒菜师傅要看有无外人，吃"勺把儿"要把折笋菜盖在上面。"勺把儿"真是好吃,好吃在于窃,吃的时候不能心安理得,总有一丝罪恶感,在犯错误。这种感觉随着吃下去,在减少,"勺把儿"吃完了,这种感觉一点都没了,大家都心安理得。尤其是经理,会长舒一口气,像完成一件工作。"勺把儿"好吃,好吃在它的味道,让你无法形容,它的美妙就在于偷偷摸摸吃的刺激,每次吃完意犹未尽,期待下一次。

每次"勺把儿"都不一样,要看配菜师傅给你抓什么菜。那时候饭馆菜单上,有辣子鸡丁、软熘肉片、锅塌里脊、番茄里脊、糟熘里脊、炒虾仁、爆两样、炒肝尖、爆腰花、焦熘肉片、糖醋肉片,这些菜混在一起吃,配一碗饭,吃几次就把人催得肉嘟嘟的。

时过境迁,那时背着经理吃"勺把儿"的师傅们,现在都是大餐馆、饭店的总们了,不知道现在的新师傅们,是不是还背着当年吃"勺把儿"的总们吃"勺把儿"。

豆芽掐菜，都是人间味道

1985 年，团结湖烤鸭店开张，最低消费是 15 块钱。热菜菜单是个顺口溜，店里的人都会背：烧四宝，炸烹虾，辣子鸡丁，烹掐菜。

当时不太懂，豆芽菜有啥好，还上了最低消费菜单？这样咕哝，让小师傅骂过：傻白，不懂。老师傅耐心解释，豆芽掐去两头，叫掐菜，就不是豆芽了。豆芽若是下里巴人，掐菜就是阳春白雪。

我喜欢教我知识的老师傅，由此，喜欢掐菜。豆芽多有别称：巧芽、银芽、银针、银苗等。我尤喜清水豆芽——白白净净，嫩脆如玉，清清爽爽，有高洁品质。

宋时，豆芽、笋、菌，为素鲜三霸。宋元时食豆芽，主要用于凉拌。

东坡先生有"蓼茸蒿笋试春盘，人间有味是清欢"句，春盘之中有豆芽菜。

凉拌可焯透，可熟软。袁枚在《随园食单》有说："豆芽柔脆，余颇爱之。炒须熟烂，作料之味才能融洽。"袁老先生这段话我不赞同，炒豆芽最难，难就难在，豆芽要脆嫩而非熟烂，另外要炒去豆腥，加入味道。这极不易，大厨却可做到。若炒豆芽至熟软，虽有味儿，气质全失，不如半老徐娘。

有人写文炫耀，说掐菜掏空，攘进鸡茸，如何？这是糟粕，不提也罢。

我自认炒掐菜有心得：沸水焯掐菜至八成熟，控水；用花椒油烧烈，炒，烹米醋、盐、料酒。里面配一点嫩蒿，没有也可青椒，只是要切细，装盘晶莹剔透，脆嫩相宜，酸爽清香，极清雅。

鸡丝烹掐菜，属大菜，清雅气质，可比肩海错山珍。也是功夫菜，掐菜不好炒，鸡丝难度更大，考高级技师，这是必考菜。鸡丝要切如火柴棍，粗细均匀。最难在滑油，油温高，鸡丝就柴老；油温低，鸡丝不清爽。总之，炒出来的鸡丝要清清爽爽，软软嫩嫩。

我最得意的是一道墨绿豆芽，名"秋有墨色"。

做法简单，单纯美丽。黑豆芽焯熟，加盐味、醋、芥末拌匀。芽头在一边，捋顺，戳在盘里，像一朵盛开怒放的墨绿菊花。

深秋饭桌上，有这样一道菜，最是应景。

今岁秋好，夏至后，不冷不热、不慌不忙、不急不躁。这时光，坐下喝茶，发现窗外的人，也不匆匆的了。

日子应该就是这样过，豆芽有点俗，掐去两头就成大雅，俗雅本一体，如何留取而已。世事如此，俗点就吃拌豆芽，雅一点，就品烹掐菜，各有各道，都是人间味道。

表姐家的指橙配生蚝，如夏花在初冬绽放

有一年去法国吉拉多生蚝养殖场（Gillardeau Oyster），是坐拖拉机进海的。潮水退得很快，海里水泥桩一根根露出来，水泥桩用钢梁连在一起，养牡蛎的网筐挂在上面。

法国人用拖拉机的起重机，把一网箱牡蛎从海里起出来，回到岸边。用淡水冲洗后，教我们一行人用牡蛎刀开牡蛎，记不得有什么调料，就吃掉了。除了海水咸涩、生鲜，隐隐的生出榛子香味，其他没有深刻记忆。

这些年吃了太多的牡蛎，法国、新西兰、澳洲、加拿大、日本、美国、南非的都有。多是从厨师角度来品味。

在澳门捷成捞，林振国师傅几次请吃美国生蚝。很肥大，在火锅里煮熟，蘸泰国辣酱，过瘾地吃，饕餮的样儿。

山东传统菜炸蛎黄（山东人管牡蛎叫蛎黄），蛎黄蘸面粉，炸得酥脆，蘸花椒盐。这是我在吃生牡蛎之前知道的吃法。

深圳的蚝爷，把蚝做成干。不知道要经过多少工艺，多少时间才晒得。蚝，金棕色，有浓重蚝香，鲜得酽人，和威士忌是绝配。

全世界养牡蛎的人都说牡蛎含锌，有滋阴之效。我觉得牵强，其实大家都明白，牡蛎的皱褶和女人的外阴形状一样，所谓滋阴的说法，意淫为以形补形，这点全世界雷同。

牡蛎要现撬，直接生吃，有满口海洋的鲜味。其他搭配方法，如新鲜柠檬汁，橄榄油加意大利黑醋，海鲜酱，辣椒酱等。生蚝海水味重，口感浓郁，配冰镇的白葡萄酒、香槟或果醋，最能带出它的鲜味。

这些都是常规吃法，各国厨师或美食家别出心裁，配青苹果粒或各种水果分子胶囊。

这次在表姐家（北京的高仓割烹）吃生蚝大开眼界。

表姐家的生蚝一般会用北海道厚岸蚝，是日本最顶级的刺身级生蚝。厚岸蚝生长于寒冷清澈的太平洋北部，拥有软滑清新的口感，肉厚味鲜，堪称绝品。

表姐征求我的意见，我倒是想尝尝她当天的进货，加拿大的莫尔佩克湾生蚝。

吃莫尔佩克生蚝的时候，先闻一闻这股清新的海水味道，然后喝掉壳中蚝汁，再将肉吞入口中。蚝肉口感肥美有弹性，入口时感到肉身饱满，没有一丝多余腥气，鲜甜、清润。爱它回味时淡淡奶香，最是奇妙。

关键是她用了一种让厨师梦寐以求的天然水果胶囊——指橙，配加拿大蚝。

这指橙是什么呢？

指橙是原产于澳洲的一种野果，主要以酸味为主。果肉像鱼子大小的小粒，号称水果中的鱼子酱，有各种颜色。做酱、醋很香美，兼具水果和鱼子酱的功能。

这些年世界各地厨师，为了出奇，也是拼了。上世纪五六十年代，出现分子厨艺，标志烹饪进入现代。流派纷呈，新技术涌现。

二十年前，西班牙厨师阿德里亚的胶囊技术，掀起一股不小的高潮。分子胶囊可以将各种味道，通过化学的方法囊括在一个个胶囊里面。胶囊可大可小，新奇好玩。最初阿德里亚做的是芒果胶囊，像三文鱼子大小，放在鱼子酱的铁盒里，第一次尝试的人，惊得下巴掉在地上。当然再吃也不稀奇了。这个技术很好，也不免有些不安，毕竟是化学品。

表姐用指橙配生蚝，指橙的口感非常强烈，嘎吱带响，却是柠檬和香茅草的味道，还有意大利的树莓醋粒、百香果胶囊、香槟啫喱，整个牡蛎味道美妙哇，一如夏花在初冬温煦的阳光里绽放。

经表姐这么一弄，估计指橙在中国厨师界和美食界，要掀起高潮了。

表姐家的"勃艮第黄油焗鲜鲍鱼"如此鲜嫩"心软"

法国美食的精髓是什么？

黄油！

如果没有黄油，法餐以至西餐是什么味道？

我迷恋黄油，认为世界上如果有一种味道，沁人心骨，唯有黄油。

咖啡是文艺的；雪茄是粗野的；干邑是典雅的；黄油是抒情的。

去国外旅行，黄油是异国风情色彩里，最浓烈也最黯然的那一笔。没有黄油，欧洲就没有法南梵高的向日葵；也没有"西西里美丽的传说"，当然还有米兰大街转角的那首诗歌。与其说黄油是欧洲食物的灵魂，不如说黄油成就了路易十四世、路易十五世，法国皇帝重视法餐的品位、就餐礼仪、整体艺术性，确立了法餐在世界美食的地位。还有一点，拿破仑的失败有很多原因，最主要的，是在俄罗斯的冰天雪地里，没有带够足量的黄油。

中国大城市若有黄油味儿，或是旧时洋味儿遗迹或是新兴西化的崇拜。中国现今社会的一切不满和怨言，都源于食物中黄油少了点。

在大上海尤其在里弄，都在处心积虑弄出黄油味儿，中餐包括上海的西餐厅，黄油味儿决定这个餐厅是米其林几星。有一次深秋时候，我去看桂花，铁艺院栏里飘出黄油味道，天很阴郁，恍若在欧洲一隅，却想不出出处。

北京有几个西餐厅我爱去，譬如北京四季的 mio 意大利餐厅，还有侨福芳草地的 8 1/2 Otto e Mezzo Bombana 意大利餐厅。落座后的蒜蓉黄油烤面包就能吃个半饱。

我在北京马克西姆餐厅学的"勃艮第焗蜗牛",厨师长是法国人阿兰师傅,中国师傅是单春卫。在马克西姆记住一件事和几个法国菜,一件事是,阿兰师傅的父母都是黑发,他却是黄毛卷发,有一次,阿兰师傅说,邮差是黄毛卷发。嘎嘎嘎。到现在,我还记得勃艮第焗蜗牛的做法:

一,鲜蜗牛洗净,焯水。锅上清水,加胡萝卜、西芹、洋葱、丁香、法香、白葡萄酒、盐、白胡椒粒煮。一直煮酥烂为止。原汤泡。二,勃艮第黄油(1千克黄油加 50 克干葱碎、法香 50 克、蒜末 50 克、美国大杏仁 50 克烤熟打碎、盐 18 克、胡椒粉 5 克、茴香酒 25 克)融化,用机器打匀。用蜗牛盘盛装或放原壳,用勃艮第黄油打底,放进蜗牛,上面再抹上勃艮第黄油,外面沾上面包糠和法香碎。

表姐用"勃艮第黄油"做了一道菜,让我赞叹,这道菜是"勃艮第黄油焗鲍鱼"。我和大家说啊,这道菜里有两个点,一是鲜鲍鱼很难出"软心",做鲍鱼的厨师都知道这一点,表姐家做得嫩软;还有,用焗蜗牛的"勃艮第黄油"焗了鲜鲍鱼,这是一个东西方美食的大碰撞,可惜也可赞的是,这款菜是在北京的一个日本餐厅里出现的。

当年在去西南联大的路上,能够慰藉心灵和战胜精神溃堤的,一是西南联大召唤,一是食物的招灵。顺便说,西南联大最美好的时光,有昆明食物之美。

我们能够庆幸的是,人在悲惨之中,依旧追寻艺术的本能是对食物充满憧憬,因为这是人类两个本能之一。食物与所有艺术一样,食物也能抚慰心灵,体尝生活的滋味,成为人们心中的萤之光亮。

来扬州富春茶社吃鲴鱼狮子头，有来有回才圆满

扬州来得多，基本在春日，这次在秋天，说，瘦西湖更瘦。

和扬州富春茶社情深，三十年前就轰轰烈烈。老领导陈明林，老厨师董德安、徐永珍；当年的小厨师周建强、陶小平、陈发银，还都记得。陈发银现在每年过春节都要打个电话问春节好。

昨晚甫一抵扬，就直奔得胜桥富春茶社。

富春集团董事长刘广顺，党委书记兼富春茶社总经理彭在萍，江苏省烹饪协会副会长、富春集团总经理徐颖宏，江苏省烹协监事会主席、富春集团副总经理周建强，富春集团总经理助理、富春茶社副总经理步怀俊等在门口迎候。扬州大学旅游烹饪学院资深教授、全国著名烹饪理论专家邱庞同，扬州大学旅游烹饪学院院长周晓燕教授等也在富春与大董相聚。

大董对扬州刚刚荣获世界美食之都，特别为"富春茶点制作技艺"作为江苏省饮食类唯一的国家级非物质文化遗产感到高兴。

饭桌上，有一道鲴鱼狮子头。周建强先生说，今天的饭有意义，这是回家饭，要吃鲴鱼狮子头，寓意回家。大家饶有兴趣说过去的故事。邱庞同先生是美食文化大家，是个美食学究。二十世纪九十年代，美食八大才子有四川的熊四智，扬州出了三位——邱庞同、聂凤乔、陶文台，还有张连明、王子辉、李秀松、陈光兴。

鲴鱼每年春冬两季最肥美，沿长江溯江而上，在不同江段，名称不一样，长江上游称鲴鳇、中游称鲴鱼、下游称鲴老鼠。在四川境内，称为江团。湖北石首、嘉鱼䲡洲湾江段出产鲴鱼为上品，湖北有鲴鱼宴。

苏东坡有赞美鲴鱼的诗："粉红石首仍无骨，雪白河豚不药人。寄语

天公与河伯，何妨乞与水精鳞。"人说"天下鱼味河豚美"，我看"石首味美胜河豚"。这就是诗人意在表达的"鮰鱼一绝"。

邱庞同先生说，鮰鱼也叫来鱼，所谓回时是鮰鱼，去时是来鱼。这很有意思。

《送周元特侍郎守宣城》（宋·仲并）诗中有"过雁与来鱼"句，此为指书信往来的雅称。

鮰鱼也好，来鱼也罢，来而不往非礼也，有来有回才圆满。当年与富春茶社几代领导，厨师情谊深厚，现有机会来富春茶社，像回家，走亲访友，吃个鮰鱼，有好寓意。

李清照说绿肥红瘦，这可比瘦西湖。时令过霜降，扬州还未降温，瘦西湖不冷，只是一些树叶红了，一些有锈色。天渐晚，瘦西湖两岸有一些灯光，却明亮。瘦西湖显得有些瘦。

每次来扬州都会胖几斤，和瘦西湖有些差别。

扬州瘦西湖旁的"涟漪堂"感受"汪曾祺乡味"

汪曾祺是高邮人，属扬州地界。汪老先生在他的大作中记述了很多他家乡的生活场景，翻看他的书，洋溢着热腾腾的乡味。

其大作《受戒》写家乡的事。耳熟能详的美食文章《端午的鸭蛋》《故乡的食物》《咸菜茨菇汤》，写家乡的味道。最绝的是，汪曾祺改写《芦荡火种》的台词人人称诵："垒起七星灶，铜壶煮三江，摆开八仙桌，招待十六方，来的都是客，全凭嘴一张，相逢开口笑，过后不思量。人一走，茶就凉……"

我把阿庆嫂当成服务员的祖师奶奶，尤其一句"人一走，茶就凉，过后不思量"，有深意，警而醒。

美食得益于名人者众，如东坡肉、万山蹄、宫保鸡丁，还有美国人熟知的左宗棠鸡；外国更多用人名命名菜名，如：人人尽知的凯撒沙拉、拿破仑蛋糕等。

写美食文章的文化大家很多，随手札记，即成一格。汪曾祺的文字云淡风轻，看似寻常的日常味道，却有生活的真谛。无论是春天的萝卜、秋天的糖炒栗子、夏日的昆虫，还是云南的茶花、江南的马兰头、朔方的手把肉……故乡的野菜、他地的佳肴，关乎一茶一饭，一蔬一果，一草一木，汪曾祺总能以朴实平淡、清新自然的文字，写出背后的深意来。

来扬州，正值公蟹肥硕。两天三顿饭，桌上的大闸蟹是高邮湖的，还有高邮的双黄鸭蛋——同样是肥硕流油。

今天陈万庆兄（扬州旅游集团董事长、扬州厨师协会主席）在瘦西湖旁的"涟漪堂"午宴上，做"汪豆腐"，上桌时陶晓东总厨特意强调

"烫"。这个烫，很有汪曾祺"汪豆腐"的特点。

汪曾祺先生的"汪豆腐"是这样的："汪豆腐好像是我的家乡菜。豆腐切成指甲盖大的小薄片，推入虾子酱油汤中，滚几开，勾薄芡，盛大碗中，浇一勺熟猪油，即得。叫做汪豆腐，大概因为上面泛着一层油。用勺舀了吃。吃时要小心，不能性急，因为很烫。滚开的豆腐，上面又是滚开的油，吃急了会烫坏舌头。"

陈万庆做的汪豆腐是这样子的：豆腐切成豌豆般丁子，鸭血也切成这大小，一白一褐红倒是般配，同样都是软化嫩；里面还有酥酥的老豆瓣，感觉不一般，稍有口感的是茨菰。余下做法和汪曾祺先生说法一样。尤其，那一瓢热猪油，烫且香。一位要拍照朋友，要一个角度，就自己动手转锅，一摸，烫得缩回手，原来锅也是烫的。

陈万庆说，他正在做"汪曾祺乡味"，这样好，汪老先生文章里的家乡风物，那些让人唇齿留香的味道，亲切自然的文字，人间的种种清香，就会从书本里走出来，让你置身其中。

汪曾祺，斯人已走。即使在生命的最后一刻，汪老先生还是津津有味：弥留之际，他叫来女儿，要喝茶，说，老天爷呀，让我再喝一口，湛清碧绿的尖芽吧，女儿将茶端来，人已没了气息。

他所有的余念，留在氤氲的茶香里。

洪妈妈的潮汕"杂咸"橄榄菜

北京六必居的酱菜在明清年间，是皇宫贡品。民间有话：吃酱菜去六必居。声名遐迩。

多年前去汕头，美食家张新民先生和郑宇辉先生除了带我吃大菜，也摆出"杂咸"，杂咸能让人看花眼，迷心窍。

杂咸是汕头的咸菜，品类繁多，可比肩六必居。

我干妈是 @好酒好蔡的妈妈，每过两三年，我在春节就要去汕头，看她老人家，回来的时候，干妈会给我带橄榄。橄榄价格有高低，可能和品种有关，品质也不一样。干妈给我的橄榄，绿黄色，入口，牙齿轻咬，有酸涩析出。有不嗜此味者，咧嘴龇牙，会吐出，说，酸苦涩。再后，舌下津水，汩汩而出，势如泉涌，进而甘而甜，始觉"苦尽甘来"。

少年时，春节念想有多；现在，蔡妈妈的橄榄，是春节的思念。

好朋友 @洪瑞泽也是汕头人，懂吃会吃，一家子皆懂美食。洪妈妈有一年送我尝自己亲手炒煮的"橄榄菜"，那年洪妈妈有七十高寿，炒煮出来的橄榄菜，油香味美，最宜和白粥来吃。白粥色白，配了乌黑的橄榄菜，甚觉清雅，有水墨意境。

前几日，见 @洪瑞泽亲姐姐 @洪莹，大美女美食家，说话轻声细语，典雅大方。@洪莹姐这几年经常送我尝一些小味道，这些味道，她总是用袋子包好，写上名字、吃法。@洪莹姐的字，写得很有女生味，也能看出是大家闺秀。为写今日文字，去征询她送我美味，@洪莹姐回复说：

董大哥：

最记得，前两年敬送过给您：九年百合，泰国小虾米，和下面这种2001年的野生白茶。

不知您后来喝了这白茶了吗？因为我从一位好友那里求来了三两，所以特别记得送了您一两，哈哈哈，也因为这茶特别醇香回甘，故每次我品尝时都想起，不知您那么忙，还记得取来喝吗？

这茶一泡喝了二十遍还是那么甘甜，我一般喝头十遍后加点老陈皮一起煮，喝后的回甘更入脑了。

橄榄菜是汕头杂咸其一。@张新民先生的《潮汕天下》有说。

那天，我见@洪莹姐，说起洪妈妈的橄榄菜好味。@洪莹说，洪妈妈有做橄榄菜的老手艺，家里人都爱吃。洪妈妈做橄榄菜，挑选品质上乘的，腌制过两年以上的咸菜叶（潮州的咸菜即是小芥菜），关键是：

1. 一定要用"生铁锅"；

2. 青橄榄泡水三天，每天换一次水；

3. 将青橄榄、盐、水放进生铁锅煮炒六小时左右，要不停翻炒，至水干；（做10瓶200克的橄榄菜大约需用1.5千克斤橄榄，3千克咸菜和淹过所有榄菜的水）

4. 用两年以上的咸菜尾（腌芥菜）切丝放入炒至黑色的橄榄中，放上大量的玉米油，再不停翻炒约三个小时。经过前后九个小时的精心慢火炒焖，即成橄榄菜。

天下美味，有几重境界：一曰童年之味；二曰母亲之味；三曰想象之味。如此，还有洪莹姐说的，能回甘入脑的下丘脑之味。

厦门大厨吴嵘送的头水紫菜，做什么都好吃

最近上海滩有一家"遇外滩"餐厅很热。厦门名厨吴嵘主理的。记得红鲟饭很好吃，现在想还流口水。吴嵘说，头水紫菜下来，第一时间给我寄来尝。

福建漳州东山岛产紫菜，有很多故事。说起来，最早知道东山岛，是@洪瑞泽先生给我尝紫菜时说的，心里就记住了。

东山岛亲营春村是"紫菜之乡"。乌礁湾外部海域，没有污染，海水清澈，盐度适宜，洋流运动特别适合紫菜生长。

每年11月份采割紫菜，采割一次叫一水，每一水都会持续十来天。

第一次采割，称为头水，或者一水。头水紫菜因为是第一次采割，特别细嫩。

紫菜这个阶段生长得非常快，所以每天的产量都会增加，也会长粗一些。头水最细嫩，

第二水其次，第三水比较明显粗老，口感差些。

紫菜是好食材？好到啥程度？我喜欢的好食里，前五名吧。

这样好的食材，怎么吃呢，紫菜烹调可简单了，我说说：

一、师娘紫菜汤：紫菜撕成小块，放碗里，放虾米皮（讲究的可放温州芒种虾皮）、酱油、香油、芫荽末，开水一沏，就是一碗好汤。紫菜可人，就是这样简单。

二、紫菜鸡蛋饼：紫菜烤九成酥，抹上鸡蛋液，再烤到鸡蛋金黄，就是脆香香的一块饼啊。

三、根据我的研究，紫菜可以任何方法烹饪。比如做成冷菜、炝、

拌、叉烧，可芥末味儿、可老醋味儿；可以热菜，烧、炒、咕嘟、炖；做汤做面是正科；煲饭也有味儿。写到这里，给日本料理支个招，紫菜可以做天妇罗；给意大利菜说个菜，紫菜可以做披萨，任何披萨，加上紫菜即可。

有朋友说，可以做成甜品吗？当然，可以拔丝紫菜。

最后说，这里画重点：按以上任何方法以紫菜为主食用，紫菜都是最佳减肥食品，安全可靠，营养丰富，效果显著。

当然，吴嵘送的头水紫菜最佳。

对了，用紫菜做面最神。

我先起个头，紫菜虾子面、紫菜牛肉面、紫菜大排面，放香肠、腊肠、辣肠、盐水鸭、烧鸭、火腿，所有你能想到的，都可以，大家接龙吧。

可以用勺扣着吃赛里木湖高白鲑

新疆西陲，有博尔塔拉蒙古白治州，州长是巴德玛纳老先生，学识渊博，人特和蔼，幽默风趣。

多年前，我去赛里木湖。饭桌上，老先生说起赛里木湖的高白鲑，这是博尔塔拉州的经济支柱，如何做好高白鲑，老先生有希望也有期望。

那是六月，野花浪漫，野蜂飞舞，湖水湛蓝，湖波飘渺。在湖边吃野生高白鲑刺身，内地三文鱼不可比鲜。

看湖水清澈见底，深邃如蓝，水中能见钩虾——这是高白鲑的天然饵料。一盆未受污染的好水，冰山融雪、地下清泉，高白鲑好幸福。

高白鲑隶属于鲑科白鲑属，是冷水性鱼类。高白鲑营养全面，蛋白质、不饱和脂肪酸、必需氨基酸含量远高于大多常见养殖鱼类。

高白鲑有各种好，也有缺憾，热食如烧、炖、蒸、焗等，质略粗糙。这点和中国人喜食鱼类肥美滑嫩习俗不太相宜。

七年前我去挪威，在奥斯陆，渔业水产局的培训讲师给我们演示低温慢烤三文鱼，"低温慢烤"技术在西餐是成熟烹饪方法，中餐中还没传播开。

低温慢烤三文鱼，用盐、茴香、胡椒、白葡萄酒腌 24 小时后，入烤箱，设置 55℃，烤 2 个小时。

低温慢烤的三文鱼，鱼肉呈胭脂红，肉感滑润饱满，香美细腻。

低温慢烤有几个版本，其中水浸法，也可达到同样效果。

我用低温慢烤法，尝试烹饪赛里木湖高白鲑，几次试验过，大获成功。尤其最近，大董美食学院用德国伊莱克斯烤箱，烤出如膏如脂状，可用勺子扤着吃。

过两年，秋天去赛里木湖，向巴德玛纳先生汇报，成功低温慢烤高白鲑，可以用勺扤着吃。这算是一件喜事。有喜事就要喝酒，那天喝的是伊犁特曲，酒挺好，喝多了，人就血脉喷张，突然意识到，应该看看落日，急里忙慌跑出去，真是天意，看见太阳正掉下来，挂在树梢上。周边静谧，湖水如镜，水天一色，一片胭脂红，自己像孤鹜，欲和落霞齐飞。

小
雪

醋渍高白鲑

在深圳嘉苑饭店 Vivi 家，吃了让我佩服的鱼饭。

鱼饭是潮汕传统味道，本不新奇，嘉苑饭店用日本青鱼和喜知次鱼做鱼饭，倒是有点意思。

潮汕冻鱼饭，可用任何新鲜鱼。去除内脏，清洗干净，将海盐均匀涂抹鱼身，腌制一个小时以上。将腌好的鱼洗净。大火蒸十分钟后，将蒸好的鱼放凉，加保鲜纸放进冰箱冷藏两个小时，可成鱼饭。

嘉苑饭店的鱼饭由日料和潮汕鱼饭结合，给了我灵感，心里便有了一些想法。

一天我做了一个梦，用赛里木湖高白鲑做了鱼饭。第二天我把这个想法和表姐说，表姐说也可以用日料"醋渍"的方法，入味，试一试。表姐特别强调，如果不想太酸，可以加一些味淋，这样味道既鲜美又醇和。想法很好。

日料醋渍是生腌。我将它做鱼饭前的入味。

潮汕鱼饭结合日料醋渍，是做好高白鲑一个好的通道。

综合想法，醋渍入味，然后低温慢烤使高白鲑成膏脂状，再冷藏，做鱼饭。

最终这道菜定名为：醋渍低温慢烤高白鲑鱼饭。这是运用中西餐以及日料、冷热结合的菜品。用这样多的烹饪方法做一道鱼菜，并不是为了炫技——而是针对高白鲑鲜活时肉质润嫩，熟成后老柴的特性，将其滋味儿完美的过程。

纵观这几年对赛里木湖高白鲑的研究，从接触、认识开始，熟悉特性，针对特性，寻找方法，逐一解决，继而成功。

　　解构高白鲑的味道，可谓是追求完美的过程。完美理想不可求，因为完美是天数。哥德巴赫猜想是完美的，三百年来还在猜想中；沈从文有完美人生，爱情如花，又在精神上出轨他的粉丝；很多海螺丝，有完美的螺旋躯壳，似乎遵循着天数。完美是理想，追求理想，无限接近于理想，追的过程即是完美的过程，这样的人生值得一过。

　　我们享受解构高白鲑的过程，这也是一条探索滋味的道路。所谓味道，如此是也。鲁迅说过，其实地上本没有路，走的人多了，也便成了路。味道，即味的组合，顺天时，合人情，怡情悦神。食中有味，探索食味的过程亦有味。扩之世间，生活亦有滋有味。长久以往，约定俗成，继而为饮食为文化，为食色性也，识人间滋味的起承转合、鲜腐炎凉，也就成了道。

基辛格来北京，吃大董烤鸭

基辛格来中国了！基辛格是受中国人民尊敬的美国前国务卿。

基辛格最爱吃的中国菜，就是烤鸭。除了烤鸭以外，他还爱吃的一道鸭类菜，是香酥鸭。

去年，基辛格来北京，在大董工体店吃小雏鸭。一人吃了一只，还说，当年没有小雏鸭。不知道，老先生今年来不来？

说，1972年中美两国建交谈判过程中，充满惊险，有众鲜为人知之事。其中有两次，谈判陷入僵局，场景尴尬，两次都是周总理说，既然谈不下去了，就先吃饭吧，一次是吃烤鸭，一次是吃香酥鸭。原来基辛格喜欢鸭子，嘎嘎嘎。后来说谈判结束后，基辛格特别带了香酥鸭，回途中吃。

香酥鸭是全鸭席的一道菜，在全鸭席里不算是主菜，北京做得最好的是晋阳饭庄。晋阳饭庄有一位金永泉先生，已作古。金先生是上世纪八九十年代"北京京华名厨联谊会"的会员，这个联谊会，有六十四位会员，是北京最顶级的名厨。当然，我是最少小一位。

金先生有很多拿手菜，做鱼茸、鳀、泥，最独到。

金先生教我做香酥鸭，我得了他的真传，香酥鸭先卤再炸。金先生把他卤鸭方子传给了我，我现在还能背诵：砂仁草果和老姜，八角豆蔻味良香，桂皮白芷有沙姜，半夏草参伴丁香，藤椒麻重少点好，黄酒最宜花雕老，陈皮老姜禾甘草，柠檬香茅除湿表，秋油生抽不宜少，鸭子宜嫩不宜老，二十四味不能少，老汤老火滋味妙。

老先生说，做香酥鸭有两难，一是要养老卤水；起老卤水不难，难的是，卤水要老，老卤水是养出来的。老卤水要天天见开，不可一日有停，停一日鲜香味减半，两日前功尽废。二是所有香料品质要纯正，不可有杂逊。这一点也难，你可尽心找好香料，但人心不古，香料则良莠不齐。

记得老先生炸卤鸭的时候，特别嘱咐，一定要用小磨香油，切不可用其他油料。

用香油小火浸炸，这是慢工细活，时间要够好，不可操之过急。

卤鸭在香油锅里，随着时间慢慢在着色，先秋柿红、再枫树红、后冬枣红，五味杂陈，浓香溢口，不可名状。

香酥鸭有别烤鸭酥，大董家烤鸭皮酥肉嫩，肉嫩有汁水；香酥鸭酥彻至骨，所谓骨酥肉烂，说的就是香酥鸭。

吃香酥鸭要用荷叶饼，在晋阳饭庄叫闻喜饼。闻喜饼是蒸食，有别于烤鸭的烙饼。

火候、小鸭都到位时，香酥鸭连骨头都能吃的。

用闻喜饼夹香酥鸭吃，面香、麻油香、鸭雏香、老卤香，香香皆美，最过瘾吃香酥鸭，要听酥骨在口中的酥酥声。

吃香酥鸭，口有余香。

做鸭真好，给予别人香美，手有余香，吃过的人，会念想你，香美别人，留香给己；作鸭也好，一生一身都是宝，干干净净，即使鸭屎，也可化作春泥更去护花。

做鸭要做一个高尚的鸭，脱离了低级趣味的鸭，有益于人民的鸭。

鸭子身上都是宝

鸭子太神奇了，做美食，成就无数名菜。世界独一食材做一桌菜品的有全羊宴、百鸡宴、鲴鱼宴，全鸭席是其一。

每个人都有自己心头好鸭。

椒盐鸭下巴、卤水鸭舌，卤水鸭舌还有白卤水的；白卤水掌翼是广东白天鹅的招牌菜，我最早是听 @沈宏非先生说的，后来大董家向白天鹅宾馆学习做白卤水掌翼，沈宏非先生说，做得还不错。有时候，沈先生来北京，回上海的时候，带一盒白卤水掌翼，在火车上吃。

全聚德做芥末鸭掌，全世界最好，我在烤肉季也吃过芥末鸭掌，味道同样好。除此之外，全聚德做火燎鸭心，用茅台酒煨过，烈油炸，焦糊味儿，像火燎过。现在不知道还用茅台酒煨吗？如是，那可是最贵的鸭心。如不是，消费者也不要提意见，店家真心用不起茅台了，其中原因，只能说，你不懂鸭的心。

汕头的卤水鹅，用富平狮头鹅，卤水鹅肝香且润，这么多年总想吃。在汕头，还吃过建业酒家的蚝油鸭肠，鸭肠肥厚脆嫩，印象特深。全聚德做烩鸭四宝，里面有鸭掌、鸭胰、鸭肠、鸭肉，口味酸辣，撒点芫荽、麻油，无比适口。

见过一个女生，一个人吃八只烤鸭，人不胖。她是算命的，说是给一个领导算好前途光明，领导请客，说吃多少上多少。两个服务员给她卷鸭子，供不应口。那天她吃得满意，说给我算一卦，我说，我从来不算卦，但可以测试你是不是有特异功能。我躲到老远，偷偷一个人，在纸上画了一笔回头鸟，攥个纸球。她拿在耳边，然后用笔画出来了，这是我遇见的一个神人。她看了我一眼，然后对领导说，这个人将来做鸭会出名。我信了。

好多女生喜欢吃烤鸭的脑仁。

我最喜欢我的三徒弟，大董南新仓店的总经理李钢。今年我做腰间盘手术住院，每天有徒弟轮流给我做腿部按摩。李钢一直做肌肉锻炼，胸肌发达，胳膊有劲儿。给我按摩，一上手，我觉得劲儿太大，就说，你鸭轻点，李钢忙不迭地说，师父师父，我轻点儿轻点，我就拔个鸭毛，拔鸭毛，嘎嘎嘎。

鸭身上都是宝，没有一点点可丢掉的地方。拔点毛，做能做个掸子。掸掸灰尘，物件就有了生气。干净了别人，也干净了自己。

台中美女厨师的专享菜单

陈岚舒，台湾名厨，去年 12 月 22 日，我去台中找她，专门去品尝她的菜。那个季节用台中的味道结合法餐，给我做了一套全新的台湾味道。

路上，一个窄窄的江湾里，有一些看似工棚的铁皮房子，外边刷着油漆，有些斑驳，色彩旧旧的像一幅油画。

那天中午我们到了她的餐厅，在台中的一个博物馆旁，半新的洋楼，独栋建筑，"乐沐"几个字用英文花体，显得洋气。楼门口有绿色植物，白色墙体，惬意温馨，色调明快，是女生喜爱的环境。

前两天在上海，参加圣培露世界青年名厨大奖赛选拔赛，一共五位评委，其中我和陈岚舒。看见她，想起去年去台中的经历，陈岚舒特意给我做一餐饭，拿出来和大家分享。

冬至的台中 26℃，温度还是有些湿润，天不冷不热，人走在街上不急不躁，记得在一个小的峡湾旁边的公园，秋冬的落叶，黄黄的撒了一地，公园门口，一个长条椅上也落满黄色的落叶，还有些露水。

虽是冬日可特别像北京刚去了暑气的初秋。穿上西装打上领带，坐在陈岚舒的乐沐，才适宜。午后的阳光透过窗纱，将窗外的树影投映在帘幕上，又让我想起台湾歌曲里的模样。

Scallop: Wild balsam pear, balsam pear and fromage blanc

干贝：山苦瓜 / 白玉苦瓜 / 白乳酪

白玉苦瓜切粒，脆脆的，发酵了七天的山苦瓜则是切了很小的末，发酵后的山苦瓜酸酸甘苦，还带着清雅花香，给甜美的生干贝塔塔带来一点惊喜。

最上面的慕斯，是用瑶柱水加入新鲜白乳酪打成的，蓬松柔软，最上面洒了鸡心辣椒粉跟紫苏花，隐着一点刺激与花香。

Smoked Foie Gras: Osmanthus flower, apricot, lotus root and lotus seed

冷熏鹅肝：桂花／杏桃／莲藕／莲子

鹅肝浓郁的烟熏味道中同时夹杂着轻软的莲子泥、酸渍的杏桃脯。堆叠的莲藕有两种质地：烘干成脆片、还有些切厚片跟桂花油一起低温煮软。桂花油是将带着烟香的桂花泡油三天而成，一些拿来煮藕片，另外取几滴洒在鹅肝上增香；翻出一个很熟悉的味道，脆柔的，原来是卤水鸭舌，真好。喜欢这样的创意，也是我一直希望表达的。

Squid ravioli: Alba white truffle, clam, gourd

花枝：阿尔巴白松露／瓢瓜／蛤汁

蛤蜊汁加胡麻油打至乳化更加香浓，鱿鱼和葛粉蒸出柔滑饺皮来包裹油菜的馄饨，配老油菜花点缀蒲瓜卷，最后刨上早冬香艳的阿尔巴白松露，浓香中有清清爽爽的层次。

White Eel: Winter black truffle of Perigord, red rice lees, melon, yam

红糟鳗：冬季黑松露／甜瓜／山药

本土的酒配本土的食材，炸烤的红糟鳗鱼配芝士奶油煮薏米泥。台湾的红糟比福州稍清淡些，和烤鳗鱼配，突出了鳗鱼的脂香。几粒用接骨木花蜜渍过的香瓜，对比鱼肉咸鲜，冬季黑松露是用今年法国新上的佩里戈品种黑松露，打成酱或新鲜现刨都是香气浓郁。趁着两菜中间的间隙，我们去了厨房去看陈岚舒工作，她和厨师们不知说着什么，时而微笑时而收起笑容，看见我们，嘴角立刻上扬起来，瞬时让我们看到台湾美女的甜蜜温柔。

Langoustines seared on stone: Chanterelles, green sweet chilli, crown daisy

石烤螯虾：野生黄菇／青龙辣椒／山茼蒿

用烧红的石块铺上菜叶子来烧烤螯虾，土耳其的野生黄菇给出森林湿润的泥土香，青龙辣椒烧焦之后去皮油封，盘子中央是一勺山茼蒿叶泥，微呛微甘微涩；桌边淋上稠稠的甜虾清汤羹，再放几个奶油炒酥的酸面包丁。吃的时候一口螯虾，一口汤酱跟黄菇，吃清香；第二口螯虾蘸一些边上的油封野柠檬酱，配一块酥面包丁。

陈岚舒特别喜欢用青野柠檬配菜，低温油泡，酸和涩很充足。青柠檬做味道配甜度高的海鲜、牛肉或者油脂丰富的菜都会很和谐。这种中庸之道，东西方在味道里高度一致。一般柠檬挤或者压榨汁儿，佐食肥香的肉或者海鲜，去腥去腻提鲜都是正道。用蜂蜜冰糖或枫糖浆浸泡方法很多。可以使味道的层次更丰富，像秋色山岚，层林尽染。

Wagyu Tenderloin: dragon bone marrow, blazei mushroom, red pepper

和牛菲力 / 牛脊髓 / 姬松茸 / 烟熏红椒

本来陈岚舒要给我做小牛胸腺的，这是她的拿手菜，但我不是太喜欢，中国人一听见带"腺"的西餐食材就崩溃了。小牛胸腺这样的食材是中国人最不能理解的食物。陈岚舒之前和我沟通后改成了菲力。这是今天的主菜。服务生征询要几成熟的，肯定是要遵从主厨的意见了，就是三成啊！今天的飞弹和菲力大获成功，食材熟成得刚好。

刚好是什么呢，就是牛肉经过后熟后的一种最佳食用状态。就是我们常说的排酸肉。活牲畜屠宰经自然冷却至常温后，将胴体送入冷却间，在一定的温度、湿度和风速下将肉中的乳酸成分分解为二氧化碳、水和酒精，然后挥发掉，同时细胞内的大分子三磷酸腺苷在酶的作用下分解为鲜味物质基苷 IMP（味精的主要成分），经过排酸后的肉的口感得到了极大改善，味道鲜嫩，肉的酸碱度被改变，新陈代谢产物被最大程度地分解和排出，从而达到无害化，同时改变了肉的分子结构，有利于人体的吸收和消化。

煎烤到三成，脂肪的熟香和肌肉的柔嫩达到最佳对比状态。将牛脊髓、姬松茸切碎加入肉汁烩煮，另外再以木耳菜清炒做配菜，油香、蘑菇香和清香都有。我最喜欢搭配的木耳菜，台湾人叫皇宫菜，翠绿，味道清滑，牛肉菜里出翠色，有雅味儿。迷迭香碳化后研磨成粉，香味儿弱化了，但颜色正好看。我吃了自己的又把袁姐的半份要来吃了。

Pineapple: Camembert, Makauy peppercorn

凤梨：卡蒙贝尔乳酪 / 野姜花 / 马告

马告是台湾原住民的重要香料，带着柑橘跟仔姜的辛香。凤梨切小方丁跟马告一起略为熬煮铺底，上面挤一层厚厚的法国乳酪慕斯，给滋润柔滑的口感，最后放上凤梨酒跟小米酒冻成的碎冰，几瓣菊花。

Nympheas

睡莲

以印象派大师莫奈的"睡莲"为主题，是乐沐的招牌甜点。里面都是东方元素：豆花、冬瓜糖做成果冻、西谷米、银耳、枸杞，甚至是冷泡茉莉小银针的甜汤都像是中国甜品的基因。可能其中只有那几抹用橘红色金莲花瓣熬制的糖浆，微酸微辣，以及浮在汤面的一片接骨木花冰，带回些许法式情调。

扬州"三和四美"酱菜，口味清甜

陶小平先生是扬州富春茶社的名厨。二十年前，北京国贸西楼二层有几个名餐厅："晋阳""四川""淮扬""满汉全席"。他在淮扬厅任总厨，一干就是五年。

淮扬菜在北京有三个上升时期。一是建国后，北京饭店有淮扬菜，社会上有玉华台饭庄，开国第一宴就是玉华台饭庄的厨师们给操办的。

第二个时期是改革开放后，八十年代北京有势和有钱的人请客，都要上国贸吃饭。那时我二十七八岁，经常去国贸淮扬厅找陶师傅学习。他后来又去了日本，干了十年。这么多年我们没有断联系，一两年总会见面——他把日本的那套做派也学回来了，每次见面，带着小礼帽，鞠躬行礼，嘴里"嗨，嗨"地答应。

淮扬菜的第三个时期当然是如今，名师和新锐辈出，推陈和出新并举。

陶先生每次从扬州来，会给我带吃食，有时是"三和四美"酱菜。三和四美酱菜是扬州的风味食品，和北京六必居酱菜一样，有历史故事。

扬州酱菜，味道清香，还有一些甜口。不像北京酱菜重味儿。昨天，又收到陶小平寄来的三和四美酱菜。打开尝，腌姜片我最爱吃，甜咸中有姜辣，亲切。

三和四美酱菜又增加了新品种，有一罐儿红腐乳。红腐乳是甜咸味的，细腻。相对于北京比较味咸的红腐乳，扬州红腐乳醇和中更甜美。昨天为了吃这些酱菜，晚上特意煮了菜饭吃。用小白菜炒雪菜肉沫煮米饭。汤汤水水特别好吃，再加上红腐乳，恬淡美好。

陶小平为人随和。有一年他给我来电话说，高总（我们共同的朋友）的儿子要结婚，能不能一块儿去参加婚礼？我当时一听，心里这个气呀，心说，这个陶小平真不会做事，人家儿子结婚，邀请客人，要亲自下请柬，亲自邀请的，哪有带话说的呢，我当时就拒绝了。

当然我也没去参加这个婚礼。我不参加这个婚礼，还有原因，就是我儿子早就结婚了。我参加别人的婚礼，总想着人家也要参加我儿子的婚礼，礼尚往来，关键礼金也要有去有还呀。我儿子已经结婚了，再参加别人的婚礼，礼金肯定是回不来了。开个玩笑。

联想到一件事儿：十年前，我受邀为一个朋友操办他儿子的婚宴，将近五十桌。我给他出了全部的食材菜品，又给他随了五万块钱的份子，并且我们厨师全班人马为他操办，他办得热热闹闹，气壮如虹。最后有一个环节，大师傅要端着一碗汤敬献给主家，主家要给一个红包答谢大师傅的辛劳。我的大徒弟孙宪厚端着这碗汤上去了，主家儿也给了红包。这位大师哥打开一看里边有十块钱，原封不动地把钱给了我，说师父你看看吧，就十块钱。十一年前在外面跑大棚，做红白宴席，十桌以上，主家最少要给厨师一千块钱的答谢。这十元钱就像骂人一样，就像打脸一样，而且是脱了鞋打脸。从此我和这个人就再也没有来往，断了关系，这是我交的最混蛋的一个人。

吃陶小平的三和四美酱菜心里滋润，平和，感到幸福。我琢磨这三和四美是什么，上网查了，名字起得好。三和是指色香味，四美是指鲜甜脆嫩，寓意人生要和和美美、有滋有味。

人一辈子，总会遇到不遂意的事情。现在想想，不遂意、不如意就是个屁，给它放了就是了。我们每天洗澡，就是把污秽臭味儿洗去，让自己神清气爽，怡然自得。臭味渣子都随了下水道，归了它们的地方去。

三和四美酱菜好吃。这个好吃在于，吃惯了大鱼大肉、山珍海味，嘴巴吃得臭臭的，让你停歇一下，平淡一些。平日锦衣玉食，突然喝一碗菜粥，吃一点酱菜，觉得平淡是这样美好。平淡之中让你惬意。这惬意来自酱菜的适口，来自于对不如意往事的淡漠。

初冬，天更高，云更淡。出屋有了凉意，冷飕飕的，像要下雪——我盼着下雪，看大雪纷飞，看大地一片雪白，看一个干净的世界。

大连的鲜鲍鱼，做红烧味好，澳洲鲜鲍做涮食好

鲍鱼是中餐最贵的食材之一。好鲍鱼，需要好手艺烹调，现在，中国做鲍鱼的大家是鲍鱼王子麦广帆，他做的是干鲍鱼。前两天，大连的林波师傅来北京参加"世界中餐业名厨委"活动，给我带了大连的鲜活鲍鱼。

我按着做干鲍鱼法，把林波带给我的鲜活鲍鱼红烧了。我试用过很多地方的鲜活鲍鱼，大连的鲜活鲍鱼最好。焖完的鲍鱼非常软，用做鲍鱼的专业行话是"熻"。熻，查字典说是"捻"的讹字。字典里没有和烹饪有关的意思。这些年听粤菜师傅总这样讲，当软透讲。林波的鲜活鲍鱼是无异味的香，绵软带香的味道。

有些地方的鲍鱼品质略差，能吃出臭渍泥味道。

我有一个品尝滋味儿妙法，算是独门绝技，就是吃食物的时候，要想细微辨别味道气息，闭上嘴，用鼻子往外呼气，这时食物气息纤毫毕现。有一些海鲜，或者品质略差的品种（包括鲍鱼、龙虾），当用正常咀嚼方法辨识不明时，这个方法有奇效。

另外，我不赞成，美食家和专业厨师以及美食品鉴人士，对重滋味儿的食物，饕餮大吃。味觉有"味觉累积"效应，胡吃海塞会破坏味蕾的敏感度，味觉辨识会降低。长此以往，只能追食嗜食腥臊恶臭重口味。

十年前我去南方一个城市，做这个城市的某项评审工作。其中环节是去一个岛上，参观环岛四周的鲍鱼养殖。岛挺大，要开车进去，走一段时间的路。岛上有市镇，还有村庄。市镇比较凌乱，道路两边堆的都是垃圾，和道路一样长，有的地方有半人高，汽车在垃圾道中，歪歪扭扭地走。汽车要紧闭窗子，即使如此，也会透进一些酸臭味道。海边有红树

林，还很美丽。评审总结会上，市长听我们的报告，我记得在我的报告里面有这样的一句话，岛上垃圾污水都冲到海里边去了，海水受到了污染，鲍鱼是在污染的海里养殖的。市长听到我的话，脸色呱哒一下就阴沉了下来，我感到脚刺痛了一下，仿佛市长的脸色砸到了脚面上。

十多年过来了，岛上的垃圾问题应该解决了。岛上的垃圾问题解决了，鲍鱼就好吃了，这是善莫大焉的事。

鲍鱼好，一是品种好、基因好，基因因素占50%；二是生长环境水质好；三是烹调手艺独到好。

这两年我用澳洲的黑边鲍鱼做涮食。黑边鲍鱼生长在澳大利亚南部的南澳、塔斯马尼亚、维多利亚和新南威尔士少卜海域。塔斯马尼亚的野生鲍鱼产量全澳第一，其中最主要的就是黑边鲍。

黑边鲍鱼涮食最好，涮食口感软嫩，鲜香。澳洲鲍鱼很大，一只小的也要二三斤，片出来的鲍鱼片大，宴请客人面子就大。澳洲黑边鲍很贵，吃一只鲍鱼要上千块钱。

澳洲鲍鱼这些年也开始做干鲍。日本的三大名品吉滨鲍、窝麻鲍、网鲍，都是顶级上品。澳洲鲜鲍鱼不适合红烧，红烧后，肉质非常韧性，口感不佳。

这两天我红烧了林波带给我的大连长海鲍鱼。大连长海鲍鱼，名称为皱纹盘鲍，俗称"九孔鲍"，是鲍科中的优质品种。长海海洋自然环境得天独厚，岛、砣、礁众多，水流畅通，理化环境要素稳定。海域营养盐丰富，水深流急，水质清洁，底质为岩礁底或细砂底，海草茂盛，尤其是适宜鲍鱼生长的海带极为丰富。

这些因素是大连鲍鱼红烧最佳的决定因素。红烧后和澳洲鲜鲍鱼有明显的口感反差，口感柔软鲜香。

食物和一个城市人文环境有同构关系。有好物种，土地肥沃，风调雨顺，出产好物。再有就是，人若良善，食物必佳良。

如果大董推荐必比登，
让大家心服口服的一道北京菜，是芥末鸭掌

芥末鸭掌有多少年了呢？少说有六百年，它见证了北京从元大都以来的历史。它是全聚德的风味菜，全聚德菜谱变换无数次，芥末鸭掌一直都在。

芥末鸭掌是大董烤鸭店从 1985 年开业到现在，仅存的十道菜之一。在大董烤鸭店，芥末鸭掌有很多故事。

像大董团结湖这样规模的烤鸭店，好的时候，一天可以卖二百只烤鸭。一只鸭子有两只鸭掌，二百只鸭是四百只掌，一盘芥末鸭掌用十五只掌，也就卖二十三四盘。老客人都会点这道菜。点的人多了，就成了稀缺。有时候一上午，芥末鸭掌就卖完了。晚上饭口，这道菜就没了。有的老客人理解，有的客人就不理解，会骂街："你丫的什么玩意啊，宫里老公骑骟驴。"

这里有一个万古不变的定律，需求一大，东西必假。芥末鸭掌每天只有这几盘，反证明这芥末鸭掌，货真价实，这是顾客的喜还是忧呢？

店里老服务员一般都有自己熟悉的客人。老客人都要给点好儿，比如菜上得快点，笑脸多点儿，芥末鸭掌的芥末酱多扪上一点儿。芥末鸭掌里芥末太多也不太好，多扪的芥末特别像鸭掌踩了屎，黄乎乎的一坨。

从剥下鸭掌的完整程度，可以看出剥者的熟练程度；鸭掌剥得完整是老司机，鸭掌烂七八糟，肯定是新手。

剥鸭掌大多归中年大姐，一边聊闲一边剥，除了东家长西家短，就是黄段子。聊黄段子的时候，效率最高，鸭掌剥得又快又整。

也不是总聊黄段子，不聊天的时候，大姐们就能进入半休眠状态，但还剥着鸭掌，只是手慢了一点，有时还能打出一两个鼾声。员工们给这几个大姐还编了个顺口溜："金牙张，粉儿多的姨，独眼的李姐，大蒜徐。"粉儿多的姨是这个大姐特别爱涂脂抹粉的，身上总有一股呛鼻子的香水味；李姐一只眼睛斜视，斜视的眼睛只有白眼球，看你的眼睛就是独眼；大蒜徐就是徐姐爱吃大蒜，顿顿都吃，一说话，喷出一股浓烈的生蒜味儿。徐姐说话还快，嘟嘟嘟得就像一挺蒜味机关枪。在餐馆吃个葱吃个蒜，不算事。

鸭掌脚踝的地方有一根筋，一般剥出的鸭掌不带着。这根筋剥鸭掌的大姐就会自己留下来，单放在碗里，吃饭的时候，拍个黄瓜，放点芥末，就是个好凉菜。老话说，人勤地不懒，在餐馆总能变着法子，弄点吃的。

剥鸭掌没有固定的人，都是自己愿意干。厨房每天把鸭掌煮好了，盛在大盆里，往院子里一放，大姐们忙完自己的事，就凑在一起剥鸭掌。那时候人不闲着，每人都有自己的岗位，忙完自己的事，就去找活干。

我请客愿意上芥末鸭掌，因为它有故事。有时客人不会吃鸭掌，把眼泪呛出来了，我以为是我故事讲得精彩，我自己也感动了。

其实生活就是这样，我们都是平凡的人，得到表扬的机会少，那就自己表扬自己，自己感动自己。生活就这样充满了阳光。

从摄影和烹饪看一个时代的过去时和未来时

麻辣膀丝（食物）的过去时和未来时

大董烤鸭店有一道菜，"麻辣膀丝"，很多人吃过，很好吃，可这道菜，早就不卖了，偶尔有人提起，也只是一问而已。

麻辣膀丝，用生鸭子的翅膀煮熟，去骨，肉切成丝；用糊辣子和花椒等味道调成的麻辣味拌制而成。估计我没说清楚，这么繁琐的过程，不淘汰真对不起它。

麻辣膀丝真好吃，麻椒味儿麻嗖嗖的，辣椒味儿香辣辣的，里面还有葱香酱油的鲜香；膀丝筋筋劲劲的有嚼头。就酒吃最好，也可以下饭。我曾经把它做得很艺术，一时在烹饪圈里广为传颂。关键，讲真，这还是一道没本钱的菜，是烤鸭下脚料——鸭翅膀做的菜。过去说一本万利，说的就是这道菜。

这么好的一道菜，简直是人见人爱，花见花开，生生的被剔除出大董烤鸭店的菜单，它是被大董自家机构——食品卫生检测机构连续抽检不合格后，撤下菜单的。

大董公司聘请第三方检测机构，不定时抽检大董旗下各门店的菜品。麻辣膀丝是连续不合格菜品——大肠杆菌超标。大肠杆菌超标这不是小事，是大事。门店、公司非常重视，从煮鸭翅开始，人剥鸭翅用手，手就消毒，就差把手剁下来了；盆盛熟鸭翅，盆就沸水消毒。真是见了鬼了，最后操作人员口带口罩，手带手套，再试，发现是半生不熟的糊辣子不合格。各种辣椒试过，都不合格，辣椒为什么不合格，没人说得清，说不清就不较劲了，那就来个痛快的，把这个菜从菜单上撤下来。

几十年来，团结湖烤鸭店菜单上最早的菜品，到现在只保留下七八道菜。来来去去几百道菜，各种原因使这些菜品从菜单上消失了，现在怕是连个记载都难找。

今天大董美食学院，请摄影师赵钢先生讲他的摄影课——为什么是摄影。

赵钢先生曾在国家地理任专职摄影师。他的镜头记录了很多过去的影像。他自称，他的摄影是抢救性摄影。影像里大部分是各地残破的古建，有的很恢弘，也有平庸。伟大和平庸，只是一个词，其实属性都一样。它们都要成为过去，终究被时间淹没。

在赵钢的"故国"系列里，有个作品，是山西的一个庙宇，这个庙快塌了，村民拿一个木柱，就支在那个将要塌陷地方。这完全是自发的行为，其实他没有什么明确的意识，他只是用这棍撑着，不让这个房子塌了。这种无意识的行为，恰恰是时间促成的机缘结果。上面照进来的光线感觉像时间的沙漏。

我们在时间面前，如尘埃；时间空间，在多维状态里也可能是尘埃。

前些日子，我看了一组十年以来芥末鸭掌的图片。十年前的装盘，现在看特别幼稚，觉得很好笑。

我自觉现在的芥末鸭掌装盘呈现更成熟一些。其实幼稚和成熟都是相对而言。我们在自然年前，都是未来的孩子。

一个大厨的成熟是在菜品之外——不管是多种艺术聚焦于烹饪艺术，还是烹饪艺术表现出多种艺术。

酱油哥，有好面

北京下雪了。盼北京下雪盼了很长时间。下雪天，空气新鲜了不少，飘飘洒洒的雪花，在半空中就快化成了冬雨。雪落在地上，落在汽车上，落在树上，还都挂不住。只要下雪就好。

下雪，会给你很多美好的想，想张岱是如何去"湖心亭看雪"的，想"晚来天欲雪，能饮一杯无"。我和沈宏非先生有约，要是北京下雪，就去吃"烤肉季"，下雪的时候似乎特适合吃热乎的，有气息，有玩头。

我的一个新加坡的朋友，愿意秋冬天儿以后来北京。在新加坡，一年四季，穿的都是衬衫，还都是短袖的。他们可想穿秋裤了，想穿棉猴儿，想戴狗皮帽子，觉得女生戴一个大大的狗皮帽子，才是美丽俏佳人。

冬天下雪后，有很多吃食应景，比如吃涮羊肉，喝小酒，这是南方各种火锅不能比拟的。想想这漫天飞舞的雪花里有多少故事啊，酒里飘进雪花，酒就更醇香；雪花打在脸颊上，涮一口肥香的羊肉，豪情万丈，这时候板凳就像马鞍子，想象自己骑在战马上杀个敌人。

其实，下雪天最惬意的，是自己在家里吃个火锅面。

早晨还想呢，要是下雪了，我就吃火锅面。晚上真下雪了，想起前天收到厦门 @酱油哥颜靖寄来他做的面，就吃了火锅面。@酱油哥挺逗的，是做酱油的。做了一个鱼皮花生吃着玩，却大火。鱼皮花生好吃得不得了，鱼皮酥酥的，花生没有哈喇味儿。这个我特别在意，哈喇味是陈年花生，有黄曲霉毒素。其实，@酱油哥做面，比鱼皮花生还好。

我曾经感叹，中国面条多好啊，有各种味道，有各种面条，可惜，面条还停留在各地区民间的手艺里，意大利人已经能用机器做出他们想象出的所有面。

酱油哥的面条是用机器做出的中国面条。我喜欢 @ 酱油哥的刀削面，面条宽宽的，边上曲曲的，和手工刀削面一样，这是一个了不起的事儿。你想想啊，我们在家里，想吃手擀面，想吃抻面，想吃刀削面，想吃拉条子；想吃宽面，想吃细面；想吃硬面，想吃软面，甚至想吃银丝面。然后，你可以再打上一锅卤，吃打卤面；扚上一大勺炸酱，吃炸酱面；和上麻酱，吃热干面；浇上浇头，吃苏州浇头面；拌上麻辣汁，吃重庆麻辣小面；下在牛肉汤里，是兰州拉面。

我在办公室就着窗外的飞雪，吃 @ 酱油哥的面，吃酸菜牛肉面，牛肉面里还煮了 @ 沈宏非先生给我的东莞肉蛋蛋。北京的酸菜醇和，用二汤或者鸭架子煮，真是鲜美。有一次吕思清先生和戴玉强先生找我来玩，也是一个冬天，喝了小酒，最后给他们煮了酸菜牛肉面，五六个人像是约好了一样，端起大黑碗，把头扎进碗里，把酸汤一口气喝了。热热乎乎的酸菜牛肉汤，真是醒酒过瘾。

这雪下得真好，几个徒弟回家路上，拍了很多照片，都是老大不小的人了，却都像小孩子，岂止她们，我也想出去拍照，把瑞雪拍下来，把好心情留下来。

过去有农谚，庄稼盖上雪棉被，来年枕着馒头睡。其实大家的盼一样，都是瑞雪。

大董首先做"指橙邂逅黑叉烧"，
无法想象的神奇与惊艳

邂逅，不期而遇。邂逅是美妙的。

邂逅出自《诗经·国风·郑风·野有蔓草》："野有蔓草，零露漙兮。有美一人，清扬婉兮。邂逅相遇，适我愿兮。野有蔓草，零露瀼瀼。有美一人，婉如清扬。邂逅相遇，与子偕臧。"

多么美妙的句子。美食中，"指橙邂逅黑叉烧"就是这般美妙。

指橙号称"水果中的鱼子酱"，属芸香科水果，英文名 finger lime，可谓是柠檬家族的极品。五颜六色，有柠檬、橙子、香茅的清香味道，口感更是奇妙。指橙又羞又酸又嫩，带有小仙女的朦胧青春气息。

我曾经形容鱼子酱在口中有爆破感，这种感觉和指橙相比，不在一个层级上，指橙在口中，有一点咬劲，然后像放了鞭炮。

烹饪是有阶段性的，分子厨艺起始于化学胶囊技术，终止于指橙的大规模使用。从现在起，哪个大厨再在菜里放上化学胶囊，会被人"膀胱"（斜视）的。曾经的分子厨艺经典，让世界大厨们顶礼膜拜的化学胶囊技术，被大自然的指橙轻轻一扯，就跌下神坛。嘎嘎嘎。

叉烧肉是粤菜传统名菜，肥香油润。刷上叉烧汁，在焗炉里发生"美拉德反应"（可理解为糖和蛋白质加热后着色变香），焦糖味，叉烧肉激活味觉神经，让人欲罢不能。

叉烧肉发展的重要里程碑是变黑了，变成黑叉烧。它要脱离叉烧肉大家族，它要变成黑天鹅，它要高大上。

黑色使叉烧肉高贵典雅起来，具有王者之相。秦始皇穿着的龙袍就是黑色的。当时有个说法叫，"以水德居，服黑色"，冕冠的颜色也是黑色。

着黑色使叉烧肉华丽转身。曾经阿兰·德龙一席黑大氅，迷倒众多怀春女子。

黑叉烧是完美的，也是孤独的。广州"炳胜"做黑叉烧有名，是王者。白天鹅玉堂春暖梁健宇师傅用西班牙黑猪腩肉做黑叉烧，是王者皇冠。

"指橙邂逅黑叉烧"，不期而遇。曾经遥望千年，星汉灿烂，海枯石烂。

今期大董让两个好味相遇了。那天我尝到指橙的酸香雅致，就认定它和黑叉烧是绝配。

姻缘就是这样用天火点燃的，"指橙邂逅黑叉烧"引发一波指橙热潮。

"指橙邂逅黑叉烧"是王冠上的明珠，璀璨夺目。

邂逅一定不可预期，一定是美妙的，一定是电光石火，一定是快感的。

歌唱，百转千回，"指橙邂逅黑叉烧"，会让后来者品味、品读、品唱。

大提琴家朱亦兵说，吃指橙遇见黑叉烧，就是吃了一嘴的小鞭炮。小时候在幼儿园，偷的第一个鱼肝油胶囊，"嘣、嘣、嘣"，吃"指橙邂逅黑叉烧"是喜悦、快感，完全忘却了载体是肉，神奇而惊艳。

"指橙邂逅黑叉烧"，让你用想象的能力、美丽和威力，在能指和所指之间，去一个你未曾到达的地方。

百菜百味，无知无畏

过去说三百六十行，行行出状元。又说隔行如隔山。只要做得出色，成专家，也像状元一样。但知道的越多，越知道自己不知道的更多，所以有隔行如隔山之慨。

餐饮业也如是。"开门七件事：柴米油盐酱醋茶"，每一件事都和吃有关系，是日常生活，但也众口难调。做成美食家，做成大厨，就更不容易了。过去有话：三辈子为官，学会吃穿。对吃穿的追求，也无止境。

过去人特聪明，因为要成为全国级别的美食家太难了，所以几个人一撺合，就把全国味道分成四大菜系，这样省得跑路了，家门口的味道也能品尝齐全，做美食家就简单了。后来八大菜系，也是这样分出来的。

我是厨师出身，最早学北京菜。北京菜不属于四大菜系，也不列八大菜系。我对隔行隔山这句话，理解特别深。说白了，到现在，对四川菜、粤菜、淮扬菜、山东菜，只是略知皮毛。对四大菜系的知识，尤其味道，如临深渊。

毛主席1972年会见尼克松，尼克松说，您的思想影响了全世界。毛主席风趣地说，我只影响了北京周围的地方。

人对社会的影响力是有限的，对世界的认知也是有局限的。

四川名厨、烹饪大师、世界中餐业联合会名厨委四川主席兰明路师傅，受邀来"大董美食学院"讲四川菜，我提前做好准备，摄像机备了三台，有拍广角的、有拍特写的，还有一个小伙子随时抓拍的，生怕落下每一个细节。

兰师傅曾经在大董做过一个活动，在那次活动中，他做了一道菜，现在成为大董菜单的名菜——椒麻冲菜牛肉。

有些时候没见兰师傅了,这次讲课,他是出口成章,精彩纷呈。

上来他就给我背了一段四川美食大学问家熊四智的一段话:牛羊猪狗鸡鸭鹅兔,可谓禽畜兴旺;笋韭芹茄瓜藕菠雍,堪称蔬圃长青。

又讲了啥子"上床萝卜下床姜""萝卜进城""王忠吉烤鸭""从跳神肉到蒜泥白肉""火中取宝"。

这次他说要表演六道菜。在表演之前,先讲讲他带来的四川食材和调料。

兰明路介绍一种说,这个是鲊(zhǎ)海椒。

四川的鲊海椒是什么呢?

四川有一种是原红酱,一种是豆瓣酱。原红就是没有放豆瓣儿的辣椒酱。

四川鲊辣椒是在原红辣椒酱基础上,把辣椒剁了,给一点姜,一点蒜,基本上不用什么香料,姜注一点,蒜注一点,给一点盐,拌均匀,在缸里捂住。

就像湖南的剁椒一样,湖南的剁椒不能出酸,四川这个必须有酸味,它自然发酵生成酸味才会香。无论是烧菜、炒菜、蒸菜,都放鲊辣椒。

兰先生又讲道:"花椒面是大红袍面。汶县也叫汶花椒,麻味足,香味足。"

大红袍磨了就没有这种香味了,需要找另一种四川汉源的花椒。

兰先生指着说:"这个是汉源花椒,这个是江津椒,这个是藤椒,藤椒是一串的。"

还有梅花椒,像梅花瓣。它的麻味、香味都够,但是停留的时间很短,挥发很快。这种就不适合做花椒面,但炒菜、烧菜都行。

他又讲到烧椒:"这个是烧椒,是有代表性的,要现做。"还说到线椒，它带个小沟沟，像四川的二荆条，但没有二荆条那么粗、厚，有二荆条的香味，辣度不是很高，香味还行，可以用。

烧椒怎么做呢？要高温烧到起麸皮，用明火烧。过去是要用签子把辣椒串起来，埋在柴火里面。

还有毛霉豆豉，基本是自然生霉，不用对它加减霉，能出6-20公分长的毛，像熊猫一样珍贵。

兰先生又展示了泡姜、泡辣子、泡青菜、泡萝卜。"泡辣椒就不能泡姜，泡了姜，辣椒就剩皮了，不能放在一起泡。"原因很简单，因为封了它（姜），它（辣椒）的肉就化了。

有一点需要指出，现在有很多人是单独泡，腌酸菜单独腌制，老酸萝卜也单独腌制。泡辣椒就是泡辣椒，泡姜就是泡姜，这样泡出来颜色很好，但是香味不好，它没有综合泡在一起的香味。四川泡菜，在农村，什么都往里泡，豇豆、蒜薹、萝卜、青菜、辣椒、莴笋，所以它有复合的香味在里面。

有一种油，闻着有炕糊的味道。兰先生说，是芹菜、大蒜、洋葱、胡萝卜、香菜、花椒、红椒一起熬出来的油。炒菜起锅的时候用，像做鱼头、做美蛙、炒鳝鱼、做蜗牛，就很香。

这里有个心得，把熬完油的菜留下再熬水，烧菜用，麻辣味就会很重。

鲜椒油又该怎么做呢？要用菜籽油，川菜最爱用菜籽油。为什么不用色拉油？色拉油一是香味不够，二是浓稠度不够，三是颜色不够。

如果拌凉菜，无论是油泼辣子还是素红油，没有菜籽油是不成的，因为菜籽油比较浓稠，拌凉菜能全部包裹在上面；第二是颜色深，红油颜色好看；第三就是香味，它有特殊的香味，跟姜、葱、辣椒、花椒一碰撞是最好的，所以用菜籽油。

兰先生说烧菜、炒菜用混合油，冬季比例是 8.5∶1.5，夏天就可以三七开。

讲起酸萝卜，兰先生说要三年最好。做酸菜鱼，离开酸萝卜不好吃，没味道。现在很多酸菜，在商家是腌的，不是泡的。成都家庭版的，则都是泡的。这就离不开酸萝卜、泡姜、泡蒜、泡辣椒，有老坛的味道。酸菜减掉了萝卜，就没有酸味了，因为萝卜一泡软了，是出酸味的，它的酸味特别香。

泡菜水也有妙处，比如说拌凉菜，稍稍加上一点就好。四川吃凉粉，家里没有那么多调料，就在泡菜坛里舀点水，它的酸度、咸度正合适。

在四川，泡菜必定要埋一部分在地里，过去农村没有空调，埋在地里就是空调，控制温度。

兰先生说他用四种油，麻油、藤椒油、菜籽油、万金油……朝天椒和小米辣还不一样。

……

还没炒菜表演呢，我就听得云里雾里、大觉过瘾了。

这还只是四川菜，还有粤菜呢，还有淮扬菜呢，还有八大菜系呢，全国每一个地区都是一方水土，一方水土养一方人。每一方人都是一方风味。

要弄懂这些美食特点，真应了那句话，三辈子学吃。这么多年越精学，越觉地方烹饪文化、食材吃法、技术技巧学问高深，自觉如履薄冰。

我理解川菜尚觉如此之难，更何况米其林呢！

"吃厨师"

北京泰富酒店日本料理"道"，由一个日本老师傅都所宁主理。老爷子八十一了，八三年来中国，那是中日两国建交后，日本政府在北京做交流项目，都所宁和他的二十个同事来，只留下他一个。

都所宁和小野二郎一样，动作流畅得像四十岁——二十岁刚学徒，练习二十年，才行云流水，灿若夏花。六十岁动作会有凝迟，有垂暮之感。

老先生的手细腻、油润。他听懂了，说是每天抹鱼油——蓝鳍金枪鱼的大楠鱼油。

他的动作像是抚摸婴儿，轻柔。我是做爷爷的人了，知道那个动作，有暖意，婴儿踏实。他递给你握寿司时，眼神慈祥。

老先生六十年前向师父学得手艺，六十年间不断精进，心手合一。我们吃到的形状是六十年前的貌样，味道没有多大改变。

老先生还是很传统。现在都说新东西，但老先生沉醉在老手艺上。

当问及是不是需要创新呢？老先生说，我一直在学习新东西，但这个变化是缓慢的。现在看，日本料理在近代确立了大致面貌以后，就成为日本料理的基础。日本料理的特点非常明显，坚持传统，又特别能吸收西方烹饪艺术，尤其在食材、技法上。这些在日本新一代厨师身上，表现特别明显。尤其是和法餐的结合，演化成日本现代新流派——新日餐。

吃饭吃什么？吃食材，吃味道。食材、味道是什么？是时间。老先生是时间的缩影，也是时空的隧道，我们能吃到六十年前日本的食物的做法。

我们口中的蓝鳍金枪鱼是什么味道？我吃出时间的况味，它混在肥腴的油脂里，叫基因。鱼的躯体是基因的载体，也是时间的载体。

我的师父王义均先生八十有六，高寿。人精精神神的，和任何人都是彬彬有礼。时间在他的人生里留下足够多的味道，让他品味。时间也让他老而弥香，弥足珍贵——今年老先生拿到建国七十周年荣誉勋章。这是对老先生为人为表为事的国家肯定。我们做徒弟的脸上有光。

记得老先生给我们讲过去的事，过去的味道：北京风味里，多以山东命名菜肴，像山东海参、山东丸子，其实在山东老家，是没有这些菜的。这都是山东厨师，到了北京以后，给北京人吃的山东味道。

山东的味道是什么呢？山东丸子就是北京汆丸子里面加了鹿角菜和香菜。鹿角菜和香菜是山东沿海居民的日常味道。鹿角菜对于北京人来讲是山那边的味道。

山东海参是把海参片了加鸡蛋皮子，用胡椒粉和醋调味儿的汤菜。胡椒粉和醋是海那边的人家做鱼的味儿。

师父就用这些味道，向北京人传说山东的味道；传说过去的味道、时间的味道。山东丸子和山东海参，承载的是时间的窖变。

过去餐馆有"三名"：名店、名菜、名厨。这三名互为因果，名店有名菜或有名厨；名菜必是名店招牌，去名店吃饭必吃名菜；名厨有手艺做出名菜，有名菜一定是名店。

六十年代，有一个专门吃厨师的苏州文化名人，大美食家周瘦鹃，每月要召集他的编辑部编辑和一些好美食的朋友。每人出四元，到松鹤楼吃一顿。他和别人吃饭不一样。他是先到饭店和厨师订好，如果他相中的大师傅不在，他要等。他说：到饭店吃饭，不懂吃的人是"吃饭店"，懂得吃的是"吃厨师"。

我赞赏周瘦鹃的话。

到餐厅吃饭要吃名厨。名厨的手艺是时间转化而来，是时间精粹出来的。名厨一般好琢磨，人勤奋，得师父衣钵。名厨做出来的菜和一般厨师做出来的菜，味儿不一样。

周瘦鹃还说：到饭店吃饭不是吃饱，只是"尝尝味道"，要吃饱的到面馆吃碗面就行了。

味道是什么？是废弃海港一隅的长条椅子，看过无数远航的船只。和期望船归的人们一样，看天边的一缕霞光，看地平线刚露头的桅杆。长条椅生锈了，那是时间的痕迹。

人之将老，我曾悲秋。怨时间残酷，不留情面，让我弹指而过一生；我又庆幸，几十年，体味时间的滋味，酸甜苦辣咸，五味醇香。

束河青春鸡豌豆凉粉

丽江北行一刻钟，是束河古镇。

2006 年我去这个地方，还是"古"镇，基本没有开发。

之前结识了束河古镇纳西族青年白志远。那年白志远二十四岁。看白志远，你会被他的气息所感染。一袭黑衣，长发披肩，少年英俊，青春勃发。

我在束河白志远家的院子里，白志远给我一个鹞子翻身。那一瞬间，定格在我心里。

白志远自己做了一个纳西族的文化馆，我去的时候，文化馆有了一些模样。这些年白志远一直在做纳西族文化保护和宣传的事，当地政府支持，他也取得了成绩。前年拍了一个关于纳西族文化的影片，获了大奖。

他来北京人民大会堂领奖，脸上一直洋溢兴奋的笑。

零四年我玩相机，最上瘾时，买了一个 800mm 远射镜头。于是专门让一个徒弟背着，在束河街上转悠。那些天，我们在束河古镇成了一景。

在束河，喝青梅酒，青梅酒酸酸甜甜的好喝。青梅酒翠绿色，是原生态，质朴，亲切。我小时候过年，喝过一种"佐餐酒"，也是这个味道，也是这个颜色，我对青梅酒有好感。

青梅酒后劲太大了，一会儿，头发胀，眼球凸涨，总怕眼球掉出来。时不时地用手往眼眶里推推。同去的一个女生，只顾使劲喝青梅酒，忘了去厕所，等到憋急了，就来不及了。还有一个同去的人，夜里酒劲上来了，把住的酒店前厅砸了。年轻的时候喝酒，真好，张狂的剑拔弩张，像刚射出的箭，特别有劲。喝了酒，这个世界就是你的。

我不喜欢现在喝酒，酒是名牌酒，却没有了年轻时喝酒的劲，软绵绵的，像强弩之末，银样蜡枪头。没有气质，也没有气概。嘴里说着，感情都在酒里，却肚皮隔着心。说着豪情万丈的话，知道自己已经是一事无成。嘴上说着日理万机，却再也不敢爱也不敢恨。

那几天我们在束河，肆意喝酒，事儿都记得。

早晨去古镇集市，一颗大榕树下，聚集男女老幼，地摊有新上的各种地产，胡萝卜是紫色的，咬一口脆脆的；莴苣是墨绿色；土豆有紫色皮、黄色皮、红色皮。满眼都是鲜艳的，富有生气。看见卖的毛豆腐，白色绒毛有十公分长。在这块土地上，菌群都是这样活跃。

我们吃了铜火锅，火锅也是中间一个大肚子，上面有一个拔火罐。铜火锅煮腊排骨、土豆、菌子。火锅热气腾腾的，就像冬天一个小伙子在外边跑一圈，回到家里头上冒的热气。

我在束河吃得最过瘾的是"巴掌凉粉"。有十多种做法。有油煎凉粉、凉拌凉粉。凉粉皮最有意思。在凉粉摊前，看着摊凉粉。凉粉汤舀在一个盘子里，一转，粉水被甩开，成一个薄饼。晶莹剔透，揭下来，冷却。吃的时候撑开手掌，放在上面。小孩子叫它巴掌凉粉，啥菜都不放，放点油辣椒，再蘸一点盐，放一点糖，直接在手掌上吃。油辣椒从手缝里面流出，吃完凉粉，再舔手指缝里的油辣子。

巴掌凉粉很好吃，颜色灰绿，口感劲道。绝美，上瘾。这种粉是鸡豌豆做的。特别有张力，味道纯正干甜。

鸡豌豆是高寒农作物。玉龙雪山脚下那一片土地比较贫瘠，没有黄土没有黑土，0.8米到1.2米左右深全都是白沙子。北面白沙古镇就是以此命名。

每年的农历二月初八为纳西族的传统盛大民族节庆"三多节"，三多是纳西族的一个守护神。大家会放假三天。

今年三多节白志远去了成都做博物馆的巡展。带过去一大盆大块的凉粉，浇上糊辣子，分分钟全抢完。所有人在舔手指头的感觉，是一种乡愁。

只有丽江人才懂得这种很特殊的原始情感或者情怀，这种情怀就是玉龙雪山脚下生长出来的，这种产量极低，制作成鸡豌豆凉粉带给你的快乐和快感。

在束河看街道的水沟，哗啦啦流着。从雪山下来的水，欢快清澈。水像镜子一样，把街道两边的古屋老树、鲜艳的旗子和蓝天都反射出来。

我和白志远对着水沟的水，漏出白牙，照了个相，老天亦在镜像里。

快到大雪，有余粮的妹妹送来了冰渣局里羊

我对羊是畏惧的。

小时候，我家边的农田里，有一群悠闲吃草的羊。它们好像是一个大的家族。有头羊，有公羊，有母羊，也有小羊。

看见他们悠闲在草地上玩儿，我也想和它们一起玩儿。羊群是那样悠闲。我看见一只羊，有两只蛋蛋，很大很大吊在屁股上。鬼使神差，我从羊屁股后边把手伸进去，使劲拽羊蛋。

这羊不高兴了，它回过头来，眼睛有点儿红，"妈儿"这一声叫，举着头上的角，冲我就顶了过来。我"妈呀"的一声叫，撒丫子就跑，羊在后边追。

不知道跑了多长时间，跑不动了，回头看，羊没有了。从此我对羊没了好感。再也不吃羊肉。

去年到新疆。在一个新疆人家里的院子里，又看见了一家子羊。有公羊，有母羊，有小羊。这人家的小男孩，也像当年我那模样，那般大小，小孩儿和羊群玩儿得可好了——他和小羊抱在一起亲昵，羊也在他身上蹭来蹭去，他们就像亲兄弟一样。小男孩脸上阳光灿烂得抱着羊，像一幅图画。

那年去赛里木湖，老州长请我吃饭，吃手把羊肉。我不吃羊肉，他非要让我吃。用刀切下一点瘦和肥的肉，让我吃。真是太香美了，那一瞬间我爱上了羊肉。前些年我不吃羊肉，怕羊肉膻。

西北去多了，看羊也看得多了，觉得羊很可爱，那么温顺、听话。关键羊肉好吃。

新疆太美了。去新疆可以看荒漠戈壁，也可以看草原绿洲。听都达尔琴声，看姑娘唱歌，看她的眼神、看她的表情，就像看一朵半开的花，羞

羞的却又灿烂。吃新疆水果，又香又甜，新疆的哈蜜瓜比日本静冈瓜还要香。在新疆吃烤羊串儿，都是用红柳枝串着烤。红柳枝开花，得多美呀。我想怎么能用这么美丽的花枝折下来烤羊肉呢？

吃羊肉就想念一首诗。

我喜欢新疆，是从听王洛宾的歌曲开始的。《在那遥远的地方》里面有这样的歌词：我愿做一只小羊，跟在她身旁。我愿她拿着细细的皮鞭不断轻轻打在我身上。

那天老州长请我吃饭，最后请新疆朋友弹琴唱歌。一个哈萨克小伙子弹着都达尔唱《可爱的一朵玫瑰花》：

可爱的一朵玫瑰花

塞地玛利亚

可爱的一朵玫瑰花

塞地玛利亚

那天我在山上打猎骑着马

正当你在山下歌唱

婉转入云霞

歌声使我迷了路

我从山坡滚下

哎呀呀

你的歌声婉转入云霞

歌声也把我迷住了，在以后很长时间里，我总是哼哼这支歌。

今年刚入冬，我的一个美食家妹妹，大胡子上将王震的孙女，给我送来了一只冰渣局里羊，这羊好吃哎。这是一只小羔羊，肋骨像筷子头那样细。那天，沈宏非先生来，正赶上吃羊肉。我们把羊腿烤了，羊肋肉炖了。羊腿肉太嫩太嫩，嫩里面还有一点张力，有吃头。我们蘸着盐花儿，撒上点儿辣椒面和孜然。羊肋肉用白胡椒粒炖得雪白雪白，撒上香菜。这是我在北京吃得最香美的一顿羊肉。

最后用几句趔趔的诗《天山诗篇》做结尾吧：

为什么我的马儿没有别人跑得快

为什么我的歌声不够嘹远

为什么我的舞姿笨拙

为什么我心爱的人儿

总被别人包围？

好客的朋友

酒杯满满

我的心却颤颤

尊贵的客人

不喝敞快

我的心怎么敞快

我说我的家在天子脚下

你说你的家在天山脚下

我说天子轮流转

你说天山永不变

我说天子拥有天下

你说天山遗世独立

我说天子的权力大无边

你说天山的冰川冽又甜

寡淡的冬瓜青绿白霜，有味儿调佐，能成大鲜

冬瓜为什么叫冬瓜，是冬天才有的瓜吗？师侄 @ 吉祥禅师杨春晖送来从东莞海都 @ 钟伟宏家带来的云南什么山里的冬瓜。

当年我老母亲给我做冬瓜吃，老母亲那时候眼睛白内障近乎失明，看啥都是迷迷蒙蒙的。家里做饭用煤球炉子，锅和锅台在一个平面上，续煤的时候，有一两个煤球落在炉台上，妈妈看不见，炒冬瓜的时候，把炉台上的煤球抄进锅里，炒冬瓜变成黑色的。家里穷啊，一锅黑冬瓜也不能丢了。当然不能让宝贝儿子吃，我亲爱的姐和妈妈，一人一碗吃了这黑色的冬瓜。

冬瓜的标签是平常，平淡。冬瓜太寡淡了，没有鲜香佐味，很难做出味儿来。书里有一个词，叫"淡出鸟味"，就是冬瓜味儿。

做冬瓜，有了肉就有了滋味，一般人家会放点有味道的食材，比如夏天，放点海米，加姜片，一起煮个三两分钟，海米鲜味出来了，冬瓜也软了，姜味辣辣的，去火开胃。

如果汆个丸子，可以进家常菜馆。秋天，尤其是深秋，西北风一刮，听着鸽哨吃汆羊肉丸子，如果谈恋爱，这味道能记一辈子。

冬瓜汤里放点腊肉，用鸭架子煮，是浓浓的烟火味，在异乡的人，喝一口这味儿的暖汤，会想家的。

腊味里面用冬瓜煮 @ 沈宏非先生推荐的东莞肉蛋蛋，夏天吃出秋冬味儿，秋冬吃出人间况味。

我见过做冬瓜最牛的，是功德林的厨师，冬瓜做得像红烧猪肉，油润润，颤巍巍，焦糖红，香喷喷。那一次差点让我现眼，我以为就是红烧猪

肉，心里说，一个素菜馆，怎么还上大肉菜呢，伸筷子夹一块，一吃，才知道是冬瓜。这块"红烧猪肉"做得太像了。

千万别看不起冬瓜。最早吃水果味儿的月饼，是大三元的月饼，各种味道真好吃。心里特别佩服大三元，心说，人家就是先进，水果馅儿，研究得这么好，后来知道，所有的水果馅儿，都是冬瓜茸做的，这下更佩服他们了，造假逆天了。

冬瓜名称的由来，有说，它身披一层白霜，酷似冬日白雪落于其上。夏秋暑热之际，翠皮之上，十分悦目，故取名为"冬瓜"。

夏日也好冬日也罢，平淡之味，精心调味，都可以做出巧来。其实生活也是这般，平淡中见性情，平淡中有真味。

大
雪

王的炸酱面

一年四季吃炸酱面，冬天最金贵。冬天菜蔬时鲜，都过了季，就是有，也是存下来的。

冬天吃炸酱面一定是锅挑儿，热热乎乎，才显肉丁香。

北京是"帝都"。冬天从银锭桥看西山，枫叶落尽，洋槐苍黄。冬天吃，虽有涮羊肉、烤肉，炸酱面显得更隆重。

"帝都"的炸酱面，要七碟八碗。吃个炸酱面，要这么吓唬吗？其实吃炸酱面，本来特简单，它就是吃食。非要个七碟八碗，这无非就是"讲究"二字，为啥要讲究呢？无非是穷，人穷就志短，就没底气，吃个面，不能只是秃秃的一碗干面，要有面码儿陪衬。这样好有面子。面码儿要随着季节变换：早春吃野鸡脖儿韭菜；仲春吃杨花萝卜；季春吃掐菜；暮春吃香椿芽儿；初夏吃嫩芹菜；仲夏吃紫边嫩豆角儿；一立秋，心里美萝卜就上市了，把萝卜切细丝，好看又爽快；冬天老百姓的面码是大白菜，切了丝，焯熟。冬天吃炸酱面，最讲究的菜码是嫩黄瓜。冬天北京大冷天儿，去哪找嫩黄瓜。嫩黄瓜不是没有，只是老百姓吃不起了。过去专门有给宫里种"鲜儿"的大棚，顶花带刺的黄瓜，数九寒冬也能吃到。

三十年前，我去给一人家做喜宴，三十多桌，两天干下来，我上火了，口舌生疮，吃啥啥没味，主家准备了几根顶花带刺的嫩黄瓜，是做三鲜汤的，我也是不管不顾了，把两根黄瓜给人家吃了，满屋的清香。

七碟八碗摆在眼前，千万别自己伸筷子去夹，那是露怯。有人给您夹，您只要用眼神瞄，心里想的，她就给您夹碗里来了。眼神是半眯着的，就像在自己家，自己坐在八仙桌前，摆菜码的桌子是六个八仙桌拼在一起。从这头看过去，层层叠叠，像山峰，层峦叠嶂。眼神要坚定，要气定神闲，想，曾经的秦皇汉武、唐宗宋祖、成吉思汗也不过如此。一碗炸酱面，气象万千，可挥斥方遒。

"帝都"的炸酱，肉丁要肥硕，尤其冬天的猪，已经膘肥三寸，这时炸了酱，油浮碗沿儿；扒一勺酱，要半勺油，吃着香美，脸上有光。

炸酱的咸度，能吃出殷实程度。请朋友吃炸酱面，要是一勺酱就够咸了，或是酱齁咸，那是骂人，是把你当穷人了。吃炸酱要吃酱香；宽油炸酱，油把酱炸得没了生味儿，是熟豆熟油的香。酱色枣红，如北京落霞后的红，近年北京人管进口的樱桃叫车厘子，就是这样的红。

"帝都"的炸酱面，面特别讲究。大户人家吃抻面，百姓人家吃切面。闲时吃手擀面，忙时吃一把挂面。

北京人吃面讲究，北京人却特别懒。人人都说自己家的炸酱面好，可谁都不会去自己抻一把面。大户人家一般都有大师傅，但现在能抻面的大师傅也不多，现在的大师傅也就是能擀个面。

面要吃劲道儿，一，和面要硬，二，面要有筋。面劲道儿是讲究，吃一碗没劲道儿的面，让人鄙视，怀疑你的道行儿，软面是面软，道行不深。

在"帝都"，请人吃炸酱面要有气势，这气势就是面硬、肉丁多、面码七碟八碗。

老百姓吃炸酱面七碟八碗，那是要面子。大宅门里吃炸酱面，七碟八碗是把自己想成王。这七碟八碗的讲究是王的范儿。落魄的王，就剩下架子了，还要端着。现在物流发达了，老百姓大冬天里边也能吃上顶花带刺的黄瓜，老百姓现在都是王了。可现在的王已经没有了王的气质。如果七碟八碗里面吃不出一根头发丝，这顿饭吃得就不舒坦。

大白菜的味道是平常，平常心就是道

霜降过后，秋天的蔬菜都好吃起来。大白菜每年七八月份种下，立冬砍菜。大白菜经过严寒霜打，蔬菜里面的淀粉转化成糖，菜有甜味。

震泽有名的香青菜，过大雪后，经过霜打，菜味浓郁，菜香味甘，清甜爽口，在江苏是菜蔬里的珍品。

大白菜是老百姓的看家菜，所谓看家菜，就是冬天各种菜蔬都过季了，只有大白菜可吃。除了大白菜，北方人家也腌菜，腌雪里红，腌芥菜疙瘩。

冬天老百姓的口味寡淡，一日三餐围着大白菜转，再缺油短肉，大白菜做出来的味道并不好吃。我上中学时，曾经带过饭，带饭要到学校大食堂去热饭，学生们带的饭盒堆在一起，散发出糗味。

大白菜能做细菜也能做粗菜，这全和油、汤有关系。油大就好吃，汤多就鲜美。

四川有名的官府菜"开水白菜"，是白菜的精品菜肴，选白菜的黄芽心，用老母鸡、火腿、干贝调出的清汤炖制而成。这菜基本是大宅门的宴会才能吃上。

冬天只有大白菜吃。老百姓动了心思，就吃出花样来了。光听方法就多了去了：炒白菜、醋溜白菜、熬白菜、炝白菜、拌白菜心、腌芥末白菜墩、腌糖醋白菜墩、砂锅白菜、涮羊肉涮白菜、汆丸子汆白菜、炖四喜丸子用白菜垫底。

白菜老帮蒸玉米团子最难吃，如果掺大油渣子，又好吃死了，却很少能吃到。

白菜切出的形状不一样，味道也不一样，切丝儿、切块儿、切段儿、剁馅儿，味道千差万别。还有把白菜切成"蜈蚣白菜"的，蜈蚣白菜是把白菜先斜刀片，不能片断，再直切，后在冷水中拔凉，白菜慢慢弯曲，像蜈蚣一样，点一点儿香油、醋、盐，可以放一点红椒丝，美极了。这差不多是白菜最精细的吃法。

　　北京还有一个白菜的吃法，差不多快消失了。用浓汤把白菜嫩叶炖得极烂，名字就叫"烂糊"，老人家可以吃。

　　我有一个素白菜的做法，极端美味，做法简单：热油，煸姜丝、葱花，接着煸片得飞薄的白菜片，始终要大火。烹酱油、醋。白菜基本不软。这白菜一定是来年春节过了吃，这时的白菜，没有水气，甜甜的。

　　我小时候，五六岁时，上火嗓子说不出来话，晚上又发起烧，母亲穿上冰凉的衣服，先在门楣挂的镜子上给我招魂："宝啊，回来吧，宝啊，回来吧！"然后去屋外的白菜垛里，抽出一颗白菜，刀劈两半，抠出菜心，让我吃了，菜心冰凉，清新、清心，吃完就好了。

　　吃白菜饺子，不能全用菜叶，要有一些帮子。白菜饺子可素可荤。素饺子北京人吃，馅里面要有排叉、粉丝、香菜、胡萝卜，还有酱豆腐。有了酱豆腐，就是北京味儿。我吃过最好的素饺子，煮完了以后，里面的排叉还脆脆的。

　　吃猪肉馅饺子时，就是过年了，白菜猪肉馅，加点韭黄，那是天上美味儿。

　　我老父亲做的白菜墩最有特色：他做的是糖醋白菜墩，一颗白菜去掉帮儿，再去掉两头，只留中间的两段儿；用开水烫，过凉水，用糖醋汁腌上，炸辣椒焖上，四五小时就能吃，白菜脆脆的，甜酸像水果，香辣香辣。那时候，老父亲经常做一些，给邻居们端去尝。

　　老百姓就像白菜一样寻常，东家有好吃的了，给西家端去；西家有吃的，给东家尝尝。

好，就是这样互相想着，变出来的。生活就像吃白菜，变着花样，吃出各种味儿——四川也有开水白菜，看着清清淡淡，其实有滋有味。

对大白菜评价最高的是南齐周颙，文惠公子问他蔬食何味最胜？周颙答谓"春初早韭，秋末晚菘（大白菜）"。

大白菜有松树的风格，不畏严寒，经过霜打，甘甜味美。经过老百姓的巧手，调出胜味。大白菜的味道是平常，平常心是道，有了平常心，日子能过得有滋有味。

酸菜遇肥香，犹如新娘化红妆
酸菜炒豆粉，就像小伙脸涂粉

入冬，北半球相同纬度，东西方两个国家的人，都在做着同样的事——腌酸菜。中国东北叫渍，渍的大白菜；德国为腌，腌的是卷心菜。

高纬度地区的人民，都找到了用酸菜对抗严酷冬天的方法。

大白菜砍下来，晾晒十来天去去水气。把大缸刷净，大白菜一劈两半，码缸里，一层白菜一层大盐粒。一个半月，酸味就出来了。

德国人则是把摘下来的卷心菜直接切成丝，和白葡萄酒混合，踩出汁水，再装缸。

发酵过程基本一样。更奇妙的，吃法也基本一样。

酸菜中含有大量的维生素和矿物质。乳酸菌分解了蔬菜中的糖，使得蔬菜变得酸硬适口。风味浓烈，让人迷醉。

吃酸菜要有荤味儿。北京有酸菜白肉，白肉是炉肉：猪五花三层肉，用花椒、黄酒、清酱略腌，在烤炉里烤金红色，肥香盈口；也有直接白水煮的。炉肉切厚片，错开排码。砂锅内酸菜垫底，上放炉肉，放满水，当然有汤最好，尤以二汤最佳。没有汤，白开水也可，煮一会儿，鲜香味就出来了。

德国也有酸菜煮白肉。也是把猪肉先烤，再切片，和酸菜一起炖。

冬天有酸菜，随便煮啥都好味。酸菜煮鸭架子，鸭架子有烟火味儿。酸菜的醇鲜味和鸭架子炉火味，厚朴实在，配芝麻烧饼，冬天热热乎乎，简单滋润。

这两年我总是在秋冬给朋友们做"酸菜牛肉面"吃，尤其是喝了小酒后，来一碗酸菜牛肉面，畅快淋漓。牛肉面可用肥牛肉，汤酸肉肥；也可用牛小排，肉有咬劲儿。我最得意的是用 @沈宏非 先生介绍给我的东莞肉蛋蛋做酸菜面，估计这是近年来，最成功的冬天好味道。

酸菜遇不见油水，简直尖酸刻薄——像王熙凤不见天日的城府。说大白菜到了东北摇身一变，成了酸菜，能配一整头猪，什么部位都以酸菜佐之。

我想酸菜，有江东狮吼味道，霸道得能让任何异味低头。和肥香相遇，也酸，却是黛玉眉头微蹙，夜雨微凉。柔和醇香，温柔如月。想起江冬秀，胡适每每心底有一丝情愫升起，这个温柔的裹着脚布的老太太，迈开三寸金莲，举着笤梳疙瘩，追得胡适围着桌子跑。只要胡适不和女生搭咕啦，她又会拿出看家本事，给胡适炖一锅酸菜白肉、鸡蛋饺、猪肉圆子，再加进去海参。这就是后来有名的"胡适一品锅"，如今的安徽名菜。

东北过年吃酸菜饺子。在德国新年，酸菜也是家家户户必备菜。

德国菜是肉食者的天堂，少不了酸菜的搭配。有一年我去慕尼黑，站在街角，隔窗看见餐馆里烤猪肘，猪肘油光铮亮，枣红鲜艳。知名的德国烤猪肘，把我们拽进去了。我们每人一只烤猪肘，配一大盘子酸菜，还有土豆泥。猪肘是那样诱人，就是太硬了，嚼得牙帮子酸疼。偷眼看旁边的德国大姐，吃得有滋有味。不禁小瞧了自己。

酸菜不仅东北有，四川、贵州、重庆、云南也有，只是叫泡酸菜。味道咸酸，口感脆生，色泽鲜亮，香味扑鼻。

北方酸菜，直愣愣的，西南酸菜，则七弯八拐，层层叠叠，妙味成趣。

酸菜的配伍案例，如现在横行天下的酸菜鱼。还有你们爱吃的酸菜肥肠。

广西的螺蛳粉则酸辣浓郁，里面有臭臭的酸，就像小男生臭球鞋味道，让一干男男女女趋之若鹜。男生喜欢，是谁都爱闻自己的臭味；女生喜欢的是小男生的荷尔蒙味道。这里面酸豆角角色饰演得好。广义的酸菜可不止酸白菜。这正是：酸菜遇肥香，犹如新娘化红妆；酸菜炒豆粉，就像小伙脸涂粉。

菜有酸味，开胃生津，肥腻变得温柔适口。生活中有点醋酸之味，犹想苏东坡借用狮吼戏喻其友陈季常悍妻："龙丘居士亦可怜，谈空说有夜不眠。忽闻河东狮子吼，拄杖落手心茫然。"

不知德国的悍妻可是硕肥之态？德国的悍妻是否也会为老公做出一道强悍的大菜？这让我想起那个最会将食物与人性贯穿起来的德国作家君特·格拉斯，他在《蜗牛日记》中将一座教堂改造成餐馆，取名叫"圣灵饭店"。当然，里面少不了酸豆角呢："所有我爱做的、爱吃的，那里都有：羊腿配扁豆、小牛腰子配芹菜、鳗鱼配青菜、内脏、贻贝、山鸡、烤乳猪配酸豆角、鱼汤、大葱汤、蘑菇汤，圣灰星期三有烤牛肺，圣灵节有填满了烤李子的牛心。因为可以这么说：我喜欢活着！如果所有那些一直想要教导我的人，他们也懂得真正地生活、喜欢生活的话，我将乐见之至。对于世界的改造工作不应该留给那些胃出了毛病的愤世嫉俗者。"

听"羊大妈"老板说涮羊肉（一）

全国涮肉分两派，以北京涮羊肉为一派的清水派，和另外的底料派。

清水派北京之外，汕头的打边炉涮"会跳舞"的牛肉，也是清水涮。只是汕头人，不说涮，只说去吃"牛肉火锅"。

涮，很形象，也精准贴切。

涮，荡洗之意。由刷分化而来。刷是人持刀巾、硬软用具洗涤。

北京涮羊肉，是北京最著名的风味，起源有几个说法。其中，从考古资料看，内蒙昭乌达盟敖汉旗出土的辽早期壁画中描述了一千一百年前，契丹人吃涮羊肉的情景：三个契丹人围火锅而坐。有的正用筷子在锅中涮羊肉，火锅前的方桌上有盛着羊肉的铁桶和盛着配料的盘子。这是目前所知描绘涮羊肉的最早资料。

比辽壁画时间稍晚一些的南宋人林洪在所著《山家清供》中也涉及涮羊肉。

其实北京涮羊肉还是个江湖呢。北京涮羊肉这些年，做得让大家叫好的有这几家，我先说"东来顺"，大家会不以为然，我说他好，是它有上百年，餐饮业做到上百年的不多。能做上百年，必定有它的好。我曾经去吃"南门涮肉"，后来总是去"羊大爷"，还去过"八先生"，十里铺有一家，说不出啥名字了，也总是去，吃完就去楼上歌厅。

听人说，现在"裕德孚"特火，是京城鲜肉代表，独蝴蝶刀法，鲜肉切得纸薄。切得纸薄，还有口感吗？我喜欢有口感的。

"早了羊大爷，晚了裕德孚，人多羊大爷，人少裕德孚，冻肉羊大爷，鲜肉裕德孚。"这句话，也是听人说的。

这两天，我去了几次"羊大妈"。吃着还上了瘾呢。

涮羊肉，到底怎么才是好？其实就两样，一是肉好，一是调料好。

很多北京人吃涮羊肉，其实就是奔着那碗麻酱汁儿去的。麻酱汁儿对于北京人来讲，就是神一样的存在。全国各种火锅到了北京，为了迎合北京人的口味儿，都要加上一碗麻酱汁。

同样，北京人到全国各地去吃火锅，如果没有麻酱汁，就是抓耳挠腮，吃不过瘾，吃不痛快。我有一次去成都，朋友请我去吃麻辣火锅。在成都吃麻辣火锅，当然没有麻酱汁儿。只有用香油和蒜蓉做的油碟儿。我特别想吃麻酱，老板看不过去，只得吩咐服务员去找麻酱。过了一会儿，服务员拿着一瓶没有开封的纯麻酱来，我看了哭笑不得，也只得作罢，这顿火锅注定没吃好。

那碗麻酱汁儿有什么讲究吗？有，也没有。

说没有讲究，是老百姓在家里吃涮羊肉，一般就是芝麻酱、北京的酱豆腐（红腐乳）、韭菜花，有了这三样就能吃涮羊肉了。

说有讲究，事就多了，要加芫荽、葱花、辣椒油、醋、糖蒜。再好，就是专业做涮羊肉的馆子，调料就是他们的江湖。

老炮涮肉店调料里的神器是蚝油、卤虾油，还有加臭豆腐、酱油的。有加味精的，我不赞成，吃加味精的酱汁，口渴，叫水。

说"羊大妈"好，老板是干事的人，研究调料较劲。调料里，有一样是"卤虾油"，老板去塘沽进货。卤虾油，说实话，北京人未必都知道。简单说，是提鲜的味汁儿，像广东的鱼露。鱼露是咸鱼提炼的，卤虾油是咸虾提炼的。

老板这样较劲儿，这样重视调料，不好吃，那是不可能的。

卤虾油是什么东东呢，让老板这样重视？卤虾油是山东传统菜里，用来提鲜的调料。过去年间，拿味精当大神，金贵着呢，一般餐厅用不起，还都用着卤虾油。后来味精便宜了，卤虾油就用得少了。卤虾油的鲜和味精的鲜不是一个味，渐渐的卤虾油又用起来了。

为这事，昨晚我特意给我师父打电话问卤虾油的生产加工和用途，老先生说："卤虾油啊，我们叫鲁蛄虾，秋收的时候大个的都吃了，小个磨碎了，磨成虾酱，就叫鲁蛄虾酱。腌虾酱就像现在酱园子酱缸一片一片的那么腌的，在缸里插上竹筒子，再用打酒的提子，竹子做的提子，提留出来。在锅里加火熬制，撇沫过滤澄清，再后调整咸淡味，兑水，那时期标准都是用嘴尝，差不多了都一样，就行了。现在科学了，也不用尝了。机器抽出来了，提炼也是都有标准的，用仪表一量就知道盐分多少，咸淡味合适。现在先进了，刚才说的是那时候的做法。虾酱到现在来说民间还吃得倍儿凶啊，像我家里头成瓶的，广东做虾的酱比山东的更细、更漂亮。有机会你来家了，拿回去试试。"

"羊大妈"的麻酱汁讲究，好吃呀，香而不腻，味浓不酽，那天我吃了三碗。

听"羊大妈"老板说涮羊肉（二）

北京涮羊肉，肉是主角的。历史上名人雅士多有记说。

大美食家唐鲁孙这样说羊肉："谈到羊肉，所有饭馆子的羊肉片，都是口外（张家口）来的大尾巴肥羊，不但肉质细嫩，而且不觉腥膻。据说大尾巴肥羊，伏天都赶到口外刺儿山避暑，山上深松茂草，飞湍喧豗（huī）；一个夏天，羊养得膘足肉厚，再从口外往北平赶，路上经过几处曲渚银塘，都是从玉泉山支流灌注的，一路上羊喝了这些清泉，自然腥膻全退。"

这些羊真是幸福，为人民成仁之前，是这样惬意快乐。现在的羊是没有这样的待遇了。

北京的羊肉都是在牧区屠宰的。内蒙古、宁夏、甘肃、新疆都有好羊。北京的涮羊肉馆，哪家羊肉好，都有自己的说法。

羊大妈家的肉是排过酸的，这点在过去的北京涮肉界是没有说过的。排过酸的肉味不一样，真真地说，所谓的膻骚味儿，就是体液在体内积聚出来的。排酸，是现代肉类加工的一个科学工艺。排掉肉中的酸氨，肉就香美了。

羊大妈的羊肉，是内蒙羊，跟别人家最大区别是，不用羔羊肉，是十八个月以上的成熟羊肉，只有十八个月以上的羊才能有肉香，不蘸料搁嘴里嚼，是纯纯的奶脂香。

羊大妈招牌"沙葱羊肉"，那天我多吃了点。我本来不吃重味。中秋前，我一个朋友是呼伦贝尔草原的女生，特别给我带来大草原的沙葱。沙葱墨绿，有浓郁的香葱味道，我还用沙葱做了馅饼吃，馅饼面皮煎得油焦焦的，肉馅和沙葱馅儿酽香。

吃馅儿，看人生。吃韭菜、大葱或沙葱馅，一是从小就吃，没啥忌讳，自然没啥想法；另一是来了大城市，进了公司，工作还是从属性的，被老板生硬地要求不能吃异味，生生地改变了人生美食观，不让吃大葱、大蒜、韭菜，和禁性欲一样，天理何在？再一种是蓦然回首，发现人生不过如此。规矩都是人立的，凭什么我要服从别人立的规矩？所谓食色性也，食之味，"素五荤"绝对扛把子。享受人生妙味，从大葱大蒜韭菜开始。

"羊大妈"家的沙葱羊肉，妙哉。

羊肉片上，可见米粒大小的深绿色的沙葱，鲜嫩多汁，口感香嫩，膻味无影无踪。

羊大妈家"羊肉刺身"和"涮羊肉串"，都可尝一尝，过过瘾。

"寒意渐浓的晚上，邀上三五好友找一家涮肉馆，煽上一个炭锅，点上两盘羊肉，要上几瓶'小二'，边吃边喝边聊些闲话，其乐也融融。待到微醺时，再多烦心事，也都无影无踪了。"

在"羊大妈"，消磨"革命意志"，增添老百姓的家常乐趣。

冬笋吃（一）：中国时令雅味，苏东坡最爱

从古至今，中国文人雅士记说咏诵竹笋者，不在少数，但似乎少有佳作。

对于竹笋，要说两个人：一是苏东坡，二说朱熹。

苏东坡和笋，犹如"鱼"和"羊"，缺一不得鲜字。苏东坡一生中，对于竹笋是真爱，写大量诗作歌颂。

我喜爱竹笋，皆因苏东坡喜欢。苏东坡说，"蓼茸蒿笋试春盘，人间有味是清欢"。我最爱东坡这句。有朋友开饭馆，求我写字。我写了这句话送他——不曾想，他是卖猪大肠的馆子。

朱熹在问政山"紫阳书院"，和他的两个得意弟子论书，佐食家乡山笋，他说问政山笋天下第一。朱熹作《记孙觌事》，用笔有如剥笋，层层深入，直剥到孙觌的灵魂深处。朱熹虽未见台湾绿竹笋，也不曾尝日本静冈笋，能说问政山笋天下第一，我想他是识大体之人，可信。又想这带货能力，超越网红，也超越李子柒。

竹笋为东方味儿。日本有静冈竹笋，犹如好辞般绝妙；台湾绿竹笋，上好。有一次和安徽好友说大陆竹笋无比台湾日本者，好友推荐家乡安徽问政山笋。遂于当年寒月前往挖笋。

问政山笋，独具个性。清脆，落地分裂，真的叫跌破玉。问政山笋，有荸荠清香，似水梨初熟。

@王大小姐王珏女士为马爹利XXO中国发布晚宴活动点题，要我做一道具中国特色且是冬季时令菜品，并要求唯冬笋是耳。

@王大小姐大家闺秀，见多识广，点冬笋有见识。

一月前，我们找来冬笋一试，笋味苦涩，齿颊不张，甚觉失望。

王珏却说，月余后入冬，笋若雏鸡骟剪，鲜嫩清肥，甘甜如饴。再试不迟。

今天徽菜掌门人尹亲林送问政山笋来尝。味如王珏所言。

鲁地人文荟萃，老酒香糟煨冬笋，故旧味儿也。

今日作鲁菜"糟煨冬笋"一味，飨懂赏佳味者，不亦快哉。

冬笋吃（二）：王义均先生讲冬笋北京的吃法

南方各地，烹饪竹笋皆有佳味。盖天时地利人和，理应如此。

北京少竹——紫竹苑有紫竹，做观赏之用。

北京的竹笋，往往来自全国。其中亦有佳冠，因四时不同，品种各异。

北京做竹笋，有名菜，皆因有官僚巨贾享用，所请烹饪名师，都是荟萃有才。

做冬笋菜，全在一个汤上。北京菜有鲁菜的底子，擅用清汤、奶汤调味。

丰泽园是北京鲁菜名店，名厨王义均先生承上启下，推动鲁菜进步，获建国七十周年荣誉勋章。

王先生说，一个店生意好不好，看汤水。汤水肥，生意必旺。

大寒后，冬笋有良材，问政山笋最佳。北京"糟煨冬笋"为冬季时令上品。做冬笋先去掉老皮，见鲜嫩淡黄衣箨，剥下晾干，做笋衣。

砍去老根，切厚片，白水焯透，去涩味儿。清汤煨两遍，第一遍煨后，汤弃之不用，再用清汤煨，煨后，留置汤中。

冬笋去了涩味，又入了汤鲜。

再清汤加黄酒、香糟、少糖、盐，煨至汤浓，少芡粉，点葱油。笋虽素，以鸡鸭火腌（金华火腿）为辅臣，成素王之位。有烹饪以来，得此滋味者，唯笋耳。其中去涩留鲜，比袁枚名句"有味者使其出，无味者使其入"，更复杂。

冬笋切"梳子花刀"，可整锅扒；煨完的梳子冬笋，勾芡后，大翻勺出锅（山东菜独有技法，碎料做出整齐形状）。在大盘中，切了精细花刀的冬笋，整整齐齐。这是炉灶师傅的一门功夫。

苏东坡不是厨师，在黄州又是他倒霉的时候。他吃笋，不会到这般精细。苏东坡的"笋烧肉"脍炙人口，毕竟，老百姓吃饭，不会天天跟着厨子。粗茶淡饭和精细饮食，各自成趣。

北京有"烧二冬"，冬笋和冬菇，红汁、勾芡。二冬应是南味食材。

还有一菜"烧南北"，也是竹笋和蘑菇，竹笋可能不是冬笋，蘑菇也不一定非是冬菇，做法和烧二冬相近。

烧（炒）南北另有一解：冬笋和冬菜。冬菜一般是天津冬菜。由此，天津人说这菜是天津的。

干烧冬笋亦妙：切滚刀块，煨过后，过油炸，笋外干脆，内要鲜嫩。加盐、少糖，烹料酒。炸了腌雪菜叶垫底，一看翠绿二吃咸口调味。

虾子烧冬笋：冬笋应季，虾子不应季。虾子提鲜，别的味道不能比拟。虾子把春天的鲜，带到冬天。在枯槁朔风里，这味儿鲜，亭亭玉立。

烩风鸡冬笋丝，要重点说。几十年前，吃鸡丝，是不得了的事。春天吃"笋鸡"，冬天用"风鸡"。菜有气韵，这气韵是时令、节气。冬天用风鸡才道地。鸡脯取肉，切丝，别有风味。这道菜上桌，听名，就讲究。现在没有风鸡，也就没有这道汤菜了，连一般的烩鸡丝冬笋都看不见。这些是老菜，已经日薄西山，气息奄奄。

佘三片，有意思的一道菜，我觉得有点牵强：用鲜冬笋、玉兰片（冬笋干涨发后的笋）和罐头冬笋切的片，烩在一起。吃笋顺序，应是有鲜不吃干儿，有干儿吃罐头。也许那个年头，罐头笋比鲜笋还值得吃。

师父说，最高级的是火腿炖笋。这是当然，杭州人醉心"腌笃鲜"，不但火腿炖笋，更加了鲜肉。安徽人则用刀板香炖问政山笋，汤肥人润。

汤脂俱白，腊肉嫣红。世间三白者，笋兰玉。竹笋混迹美食江湖，有江湖气质；造化老腊肉、小鲜肉，使老者隽永，让小者鲜美。

自身如玉如兰者，唯笋。

冬笋吃（三）：苏轼与竹笋

乌台诗案，把苏轼人生分为两个阶段。

乌台诗案后，苏轼被贬黄州，这里开启他悲苦的人生，却又是文学的顶峰。

初来黄州，苏轼有些小兴奋，在《初到黄州》中描写黄州的风景及美食。长江环绕黄州城，江中鱼儿肥美；山中竹笋遍地，诗人想尽享黄州美味。

> 自笑平生为口忙，老来事业转荒唐。
> 长江绕郭知鱼美，好竹连山觉笋香。
> ……

但生活并不像他想得那么美好，来黄州三年写下《寒食贴》，可一窥他生活困顿。

> 自我来黄州，已过三寒食。年年欲惜春，春去不容惜。
> 今年又苦雨，两月秋萧瑟。卧闻海棠花，泥污燕支雪。
> 暗中偷负去，夜半真有力。何殊病少年，病起头已白。
> 春江欲入户，雨势来不已。小屋如渔舟，濛濛水云里。
> 空庖煮寒菜，破灶烧湿苇。那知是寒食，但见乌衔纸。
> 君门深九重，坟墓在万里。也拟哭途穷，死灰吹不起。

这是一首遣兴的诗作，是苏轼被贬黄州第三年的寒食节所发的人生之叹。诗写得苍凉多情，表达了苏轼此时惆怅孤独的心情。

慢慢地，苏东坡从悲戚中淡定下来，也彻悟了。三年后，又写了这首《定风波·莫听穿林打叶声》，展现出他豁达的人生态度。

（三月七日，沙湖道中遇雨。雨具先去，同行皆狼狈，余独不觉。已而遂晴，故作此词。）

莫听穿林打叶声，何妨吟啸且徐行。竹杖芒鞋轻胜马，谁怕？一蓑烟雨任平生。

料峭春风吹酒醒，微冷，山头斜照却相迎。回首向来萧瑟处，归去，也无风雨也无晴。

黄州，是苏东坡文学艺术的顶峰，他写下了《前后出师表》《念奴娇·赤壁怀古》，也写下了《猪肉颂》《老饕赋》。

他吃猪肉写下了一首打油诗："无竹令人俗，无肉使人瘦。不俗又不瘦，竹笋焖猪肉。"这就是名声大噪的"东坡肉"。东坡肉创制于徐州，完善于黄州，名扬于杭州。

苏轼贬谪黄州四年后再迁移汝州，元丰七年十二月二十四日，从泗州刘倩叔游南山。

细雨斜风作晓寒，淡烟疏柳媚晴滩。

入淮清洛渐漫漫，雪沫乳花浮午盏。

蓼茸蒿笋试春盘，人间有味是清欢。

这里蒿笋有解说是芦苣的嫩芽。我一直分开理解这两词，即蒿和笋，因我太喜欢春天的鲜嫩，尤爱春笋。

此诗最后一句，"人间有味是清欢"。我一直在思索何谓"清欢"？"清欢"者，清淡的欢愉也，不是大欢、狂欢，更不是贪欢。

"人间有味是清欢。"这诗句，富有哲理，是全诗的"诗眼"，给人无尽的思索玩味。

冬笋吃（四）：笋的苦味

我不嗜苦，却对苦笋有爱。皆因当年看怀素《苦笋贴》。

怀素，永州零陵（今湖南零陵）人。长江中上游及四川、湖南、贵州等地有苦笋。怀素好吃苦笋，且成美味。所以怀素对他人说，苦笋和茗茶两种物品异常佳美，那就请直接送来吧。

苦笋又名甘笋、凉笋。苦笋质地脆嫩、色白，清香微苦，回甜滑口，以春末出土的笋苞为佳。

黄庭坚也作《苦笋赋》，苦笋清香微苦，回口爽甜（这种口感与喝茶很相似）。宋代黄庭坚的行楷书墨迹《苦笋赋》，有"甘脆惬当，小苦而及成味。温润稹密。多啗而不疾人"句。

苦笋于北方人，不是好滋味，慢慢适应，才可有味。有人可能一辈子不喜食。北方寒冷，要有鲜美禽肉香谷类，高热量食物强壮身体。也有老年人说，我受苦吃苦一辈子，怎能再吃苦食，这皆因风俗和口味不同，非苦笋味苦。我曾用苦笋、排骨、咸菜做苦笋煲，味有道，意无穷。

吃苦笋确如饮茶，先苦后甜，有回甘妙曼滋味。可类比人生及其他事物，无不及此。

林清玄在《情深，万象皆深》里说：但凡茗茶，一泡苦涩，二泡甘香，三泡浓沉，四泡清洌，五泡清淡，此后，再好的茶也索然无味。诚似人生五种，年少青涩，青春芳醇，中年沉重，壮年回香，老年无味（隽永）。

遇有此滋味，大可和朋友说，佳美，那就请直接送来吧。

烟笋，大叔，老腊肉

我喜食竹笋。一年之中只有两季可食，冬笋和春笋。

那天去熊丽家的"王伯伯"吃火锅，我特意问有没有烟笋，熊丽说，烟笋是她家特色素食，产在重庆南川。一会儿她家主厨给我端来一大盆，深褐色，片大。在火锅里煮一会儿，就可蘸汁吃。绵软肥厚。她家主厨说，这样的口感，要在发笋干的时候，用特别方法，问我要不要学。这真是羞杀大师傅。

我曾去江西井冈山、四川眉州、浙江遂昌、江苏天目山——都有竹海，竹子身姿修长，郁郁葱葱。

在北京呆惯了，已不可想象"崇山峻岭，茂林修竹，清流激湍，映带左右"的气象。

大城市厨师做菜，都是拿捏着劲儿，描线画盘子，做着艺术。梁实秋说吃笋，吃下去一肚子白玉。雅是雅了，没了烟火气。

竹笋有两面性：雅致和烟火气。竹笋在大城市，进了大宅门儿，在大师傅手里，刀工讲究了；用汤煨去青涩味儿，竹笋变成玉兰片。

在乡下，过了笋季，最可吃的是烟笋，也叫熏笋。

春笋干儿用柴火烟熏，熏得黑黢黢的乌烟味儿。

烟笋怎么做都好吃，似乎成了调味儿品。夏天和莴苣一起炒，莴苣是清新的，烟笋是老气的，倒也和气。和豆腐一起烧，豆腐细腻，烟笋厚实，汤汁也有滋味。烧烟笋的时候，如果有青蒜就放点青蒜，味道自然会香美；没有青蒜，可以放点大蒜或者蒜薹，味道就绵长。

四川、贵州、湖南做烟笋菜一定少不了辣椒和豆瓣。辣椒，让烟笋有了层次；豆瓣，使烟笋持重。

其实烟笋和老腊肉烧在一起，最对眼儿——肉笋像时间的味道一样绵长。

腊肉中国南北方都有，广式、川式、湖南、湖北、河南、甘肃，味道不一样。大致农历腊月杀猪，做年菜，也做腊味，待来年吃。腊味经腌制或烟熏，风干存放，经年累月，风味愈加浓郁。

四川挂前檐，贵州吊阴凉，广州晒门前。湖南湘西，多是在进门火堂（农家用来烧柴火取暖的厅堂）上。农家烧火做饭，烟熏火燎，气味蒸腾，倒是成一景。

我上学学农，冬天农闲，和几个大叔去城里做短工。歇歇儿时，大叔抽烟的画面，特像罗中立油画《父亲》，大叔亲切慈祥、质朴憨厚。一次，吃午饭，是主家请的，吃肉包子，配炸辣椒。大家请大叔先吃，大叔抽着烟，说大家吃吧，他还不饿。我们一起下手，包子瞬间就吃完了。

大叔抽烟的画面，定格在我的记忆里，似乎带着烟笋的气息。

干式熟成牛排

这两年，干式熟成牛排成为风尚。

干式熟成牛排，要吃奶酪味儿。这种吃法，是牛排吃家的爱。

机场高速，京密路五环外，有 Meat by Ernest 吃肉餐厅，主厨是 Ernest Yan 师傅。

餐厅在同里市集。进餐厅有美国西部餐厅景象。主厨 Ernest Yan 师傅，在加拿大生活近三十年，Meat by Ernest 吃肉餐厅是新加拿大牛排风味。

那天我们的一餐牛排宴，主厨 Ernest Yan 师傅亲自主理，菜式经典，味道俱佳，别开生面。

第一道前菜叫卡西诺，生蚝菜式：用干式熟成牛肉做的塔塔，腌甜菜头、小干葱、水瓜柳、蒜、橄榄油、鸡蛋黄儿配上自己撬的法国生蚝，先橄榄油低温慢煮之后用苹果木片烟熏，放凉。放上面摆鱼子酱，擦新鲜山葵再配上加拿大巨紫球海胆。

这里要着重说加拿大巨紫球海胆，是我吃过最大的海胆。有十厘米长。看到第一眼，想会不会水味儿，吃下去完全和想象的不一样——特别甘甜，这像是在描述水果，还没有臭泥味儿。

之后上了一份熟成生拌牛肉，美国农业部 USDA 有机认证，极佳级的牛肋排，41 天干式熟成之后手切小粒，配上小干葱，然后加橄榄油、烤柠檬汁、鸡蛋黄，调味是用英格兰的莫顿海盐片和柬埔寨的贡布胡椒。配的是蒜包。蒜包是全麦面包，切薄片儿，炸酥后用生蒜抹在上面，配牛肉一起吃。

接着上的是牛肉肠儿，干式熟成牛肉绞馅儿，配英国车打奶酪。餐厅自己灌牛肉肠，配烤红薯，还有橄榄油浸蒜，最后淋上新鲜的阿根廷香草青酱。

后面是一道混搭菜：干式熟成牛肉馅儿加洋葱包的饺子。配意大利浓缩黑醋汁。

烤凯撒沙拉：在整条罗马菜心儿的里外抹上餐厅自己做的凯撒酱，在扒床上扒，凯撒酱里边儿有蛋黄、意大利小银鱼儿、蒜和水瓜柳。火烤过以后有爆锅香味，菜又是清脆，配上 48 个月的顶级的帕玛森奶酪和 48 个月的 5J 火腿。绝美的一道配菜。

第一款牛排，行业标准是熟成 28 天开始销售。今天吃的是 41 天的干式熟成牛肋眼儿，美国农业部 USDA 极佳级的，谷饲 200 天。今天的肉三成熟。配上澄清黄油、柬埔寨的贡布胡椒、英格兰的海盐，一起吃。

第二款是 150 天熟成的带骨西冷，也是美国农业部 USDA 极佳级。肉的奶香味儿、奶酪香味儿和坚果香味有明显提升。

品尝的第三块牛排是今天的重头戏，230 天的澳大利亚和牛。230 天熟成牛肉，已经没有商业意义了，纯属实验性质。牛肉味道已经提升到极致。肉，没有那么多的汁水。牛肉味道特别纯粹。

主厨是 Ernest Yan 是干式熟成牛排专家。北京干式熟成牛排有两家，Meat by Ernest 吃肉餐厅肯定是老饕品位的地方。平时到餐厅吃牛排，要考虑价格。我想只要大厨厨艺到了一定高度，即使餐厅级别的牛排，性价比也是极高的。

大董做了一盘法南的"霜"

我做了一盘法南的"霜",法国南部普罗旺斯的霜和北京的霜不一样。

这是不是像说,外国的月亮和中国的月亮不一样?

2013 年 9 月去法国,参加名厨阿兰·杜卡斯从厨三十周年庆祝活动后,离开阿尔勒,沿着马赛斑驳老旧的公路,去阿兰·杜卡斯的乡间别墅。暮色中,轻烟缠绕寒枝,屋外有薰衣草田,深紫色的田垄和天际交汇,丝柏如燃烧的黑色火焰,升腾向上,卷曲的星云似翻滚的浪花,青山、蓝灰色教堂,映衬壮观的星夜。

这是梵高画里的景色。

想看普罗旺斯的早晨,我起得很早。法南大地的图画里,被浓重的霜色,加了白,大地一片沉寂。

葡萄架上,熟透浆果披着霜白,隐隐有甜酒的味道;木桩架着铁丝,裹着锈色、霜色,伸向远处的薰衣草田。葡萄叶破旧殷红,落在枯草间。霜凌在晨曦中,泛出青光。

这是一盘绝美法南的霜,在大董餐桌上。

黄油面粉加可可粉,做成晓天霜地;热情果布丁、牛奶布丁、麻辣蛋糕是画布上大地起伏的物象;鲜蓝莓果、巧克力脆珠、酒渍樱桃、巧克力枯叶、巧克力枫叶飘落在一片秋意中。糖粉是不期而遇的霜色,大地一片银白。苦艾酒、茴香的味道。

意外惊喜,一对儿奶油小脚丫,踩出一溜霜印。

梵高的法南色彩强烈、刺激。画家在这样高饱和度对比环境中,情绪激越,心情亢奋,行为极端。你会想到吗,画家在圣雷米的精神病院,陪伴他的是苦艾酒，在酒精的刺激下，创作他的代表作。

透过圣米雷病房的窗，梵高看出去，星空被一股汹涌、动荡的蓝绿色激流所吞噬。旋转、躁动、卷曲的星云使夜空变得异常活跃。

在画家眼中，苦艾酒是"绿色的缪斯"。深邃的夜空，燃烧着苦艾酒闪着棕黄色火焰，色彩华丽单纯强烈，是作家炽热的激情在燃烧——我把苦艾酒做成啫喱，洒在我的"法南的霜"里。

曾经，我在画家的《星空》中陶醉，这是一个多么浪漫的星月夜，蔚蓝深邃，充满想象。

画家的内心又是多么痛苦、躁动不安和疯狂。星空蓝和月光黄交织撕扯、扭曲、交汇成他的幻觉世界。

厨艺制作：

1. 大地土块制作

韩国砂糖 600 克、杏仁粉 600 克、富强粉 375 克、可可粉 250 克、盐 10 克、黄油 310 克。所有原料混合搓匀，烤箱 180℃，烤酥揉碎即可。

2. 热情果布丁

热情果酱 500 克、红花水 20 克、鱼胶片 1.5 片，鱼胶片化开，同加热的红花水及热情果酱混合定型，切 2 厘米长方形块备用块。

3. 牛奶布丁

淡奶油 340 克、鱼胶片 2 片、樱桃力娇酒 20 克、韩国砂糖 70 克。砂糖、淡奶油、鱼胶片加热溶解后，冷却至常温加入樱桃酒，加工成黄豆大小的牛奶布丁。

4. 麻辣蛋糕

（1）黄油 250 克、韩国砂糖 120 克、红糖 120 克、全蛋 2 个；

（2）牛奶 120 克、马达加斯加香草棒 1 根、50% 巧克力 90 克；

（3）美玫面粉 240 克、小苏打 15 克、花椒粉 10 克、胡辣子粉 20 克；

制作：将（2）混合溶解加入（1）中混合打匀，再加入（3）调匀入烤盘，烤箱150℃加工成蛋糕坯就可。

5. *奶油小脚丫*

淡奶油340克、韩国砂糖70克、马达加斯加香草棒1根、白兰地酒20克、鱼胶片2片。

淡奶油、砂糖、香草棒和鱼胶片加热溶解，冷却至常温，加入白兰地酒，入小脚丫模具中塑型取出备用。

6. *苦艾酒啫喱*

苦艾酒100克，鱼胶1片。鱼胶化开晾凉，兑入苦艾酒，做成苦艾啫喱。

莫斯科骡子，巴西驴子，大董马子

上海邵忠在他的餐厅（建国中路八号桥的 Morden Art Kitchen 艺厨）主打的鸡尾酒是 Moscow Mule，"莫斯科骡子"。

北京机场高速，京密路五环外，Meat by Ernest 吃肉餐厅，菜单上赫然有一款鸡尾酒"巴西驴子"，好有意思。其实不喝也能猜到，这款饮品是骡子的又一个分支。

主厨 Ernest Yan 师傅好有想法，用巴西特产 Tonka beans（黑香豆）磨成粉末，泡在 Beluga 蓝鲸伏特加里，柠檬叶煮糖浆，再调一点橙味苦精，加自制干姜水。整款酒瞬间变成南美风格。

装在铜马克杯里的这款鸡尾酒，好有劲。我曾经不以为然，但喝下去，一会儿就撞头了。本来嘛，骡子强倔，浓烈的味道就像被骡子踢了一脚。

我喜欢邵忠先生的 Moscow Mule，特别是那款黄铜的马克杯，冰镇得挂满水珠，凉意从黄铜里透出来，沁凉入心。斯米诺伏特加和姜汁啤酒，带着鲜明的姜味、柠檬的清新，从舌尖一路爽彻下去。

我提出大董烹饪美学，有一种渐变色彩关系。比如红色，不断加白就变成红菜头红、玫瑰红、冬枣红、樱桃红、山楂红、大红袍、石榴红、蜜桃红、草莓红、乱子草粉黛，这些是红的渐变。

辣椒的辣度也有渐变关系：紫美人灯笼椒不辣为 0、香蕉辣椒 0-500、杭椒 200-800、羊角椒 500-1000、甜椒 0-1200、大红袍海椒 3000、四川南充二荆条 7072、陕西线椒 15000、河南纵椒 16297、贵州子弹头 29118、鸡心椒 2800-30000、四川条子椒 38142、云南小米辣 30000-50000、重庆石柱红 100723、海南黄灯笼 170000、朝天椒 50000-100000、福建神椒一号 450000、特立尼达蝎子 800000-10000000、云南涮涮辣 1000000、卡罗莱纳卡宴辣椒 100000-125000、牙买加辣椒 100000-200000、鸟眼辣椒又叫信鹰椒 100000-225000、多塞特纳加 100000-400000、哈瓦那辣椒 100000-550000、印度魔鬼椒又叫断魂椒 1000000-1041427、那伽毒蛇辣椒 1380000、特立尼达蝎子布奇 T 辣椒 1460000、卡罗莱纳死神辣椒 1500000-2200000、龙息辣椒 2480000。这是辣的渐变。就看你敢不敢试试。

妞儿也是，有酒窝的，大眼睛的，双眼皮的，性感的，青春的，娇艳欲滴的，知性典雅的，哪个最美，看你品位和口味儿。

我做了一款"大董马子"，是"莫斯科骡子"渐变出来的：用"二锅头"，我喜欢姜味，用姜汁艾尔浓啤代替姜汁啤酒，更有味道；指橙切片，泡在里面。就这么简单，使劲哑一下，让泡沫一下子溢出来。

伏特加、姜汁啤酒、干式熟成牛排、荷尔蒙有什么关系？

可否，莫斯科骡子＝巴西驴子＝大董马子＝流行音乐＝酒吧蓝调＝当代艺术＝变态狂＝摩羯座＝完美主义＝工作狂＝变态人＝追求极致＝成功人士＝黑胶唱片＝大提琴＝巴赫＝徕卡＝哈苏＝莫扎特＝斯特劳斯？反正不是贝多芬。

嘎嘎嘎。

"大董马子"鸡尾酒

昨天试了几款"大董马子"的鸡尾酒。

有几个设计思路——用茅台做基酒，用董酒做基酒，还是用二锅头做基酒？

想象中，茅台有档次；董酒是我的姓；二锅头是北京酒，硬朗有个性。实验多次，觉得中国酒做鸡尾酒，调不出个味儿。白酒加水，稀释了以后有作呕的味儿。我特别试试用董酒做基酒，调出来以后大跌眼镜，不是想象的那样。

美好愿望全落空了。

转而用马爹利调试。马爹利很香醇——本来马爹利干邑就可以加冰喝。加了冰以后浓香稀释，花香、蜂蜜香，森林的气息一下子飘逸四散开来。

再加干姜啤酒，把指橙切了片儿放进去，颜色艳丽，看着就想喝，尤其是那种乱子草粉黛色的。要有点甜，可以用雪碧调，又可以用加拿大枫浆。你别说雪碧的味道，尤其是加了气的甜，还真是有味道。

大董马子里边的干邑、姜汁啤酒和指橙的明丽，让我很兴奋。喜欢干邑蜂蜜的甘甜，各种鲜花的香美，木桶陈年的醇香和森林的气息；更喜欢指橙，除了嘎巴脆的口感，她是精灵一样，让你爱不释口。欲咬而不忍，又迫不及待地咬，初吻一样。咬下一瞬，啪的一声，你就高潮了。

调配鸡尾酒，可以让你脑洞大开，唤醒你沉睡的思维，给你无限遐想，让你去做想做的尝试。

只要你有心情，可以足够浪漫，足够惬意，足够优雅，足够阴郁，足够僵尸，足够泼辣，足够强硬——也可以强悍，像骡子像驴子，你都可以把它做成你的马子，做成你的心肝儿，做成你的宝贝儿，做成小蛮腰，做成大胸，做成双眼皮儿。

你可以充满了想象，让它成为你的天，成为你的地，成为你的所有。一杯小小的鸡尾酒就是一个乾坤。

你可以用金酒做基酒，也可以用朗姆酒做基酒，也可以用威士忌做基酒；你可以用伏特加做基酒，当然也可以用二锅头做基酒。随你的口味儿，随你的心情，把你所有可与人言的，不愿意说的，隐藏在心底的，絮叨挂在嘴边的，全都可以做出来——让鸡尾酒成为你的思想，成为你的心，成为你的肝，成为你的大肠在蠕动。

把你所有的不愉快，调成一款鸡尾酒，喝下去撒出来。

喝鸡尾酒保持微醺，理智又失智，冲动又抑制，人性收服野性。鸡尾酒就是这么奇妙。

哪天我给你做"大董马子"，你要给我"打 call"。

老马的意大利舒坦菜

三里屯北街瑜舍酒店一层，老马开了一家意大利的顺口菜 Frasca。老马大家都熟悉，就是马睿诺（Marino D'Antonio），做侨福芳草地 Opera Bombana 餐厅主厨很长时间，赢得很多赞誉和人缘。

老马的店开业了，我第一时间来品味，老马是我的好朋友，必须来。

第一道菜是炸小海鲜。炸小鱼小虾，酥酥的，配蛋黄酱酸黄瓜和番茄酱。很好吃。

老马给我做他最独特的 Pinsa Romano（拼萨，不是披萨），面皮酥脆，这个是特点。马苏里拉芝士拉很长的丝。

我们吃了两款 Pinsa Caprese，Stracciatella Cheese Basil 及 Wood Grilled Cherry Tomato。

两款 Pinsa，一款拉丝芝士、罗勒和樱桃番茄的，一款帕尔马火腿卷芝麻菜的。

问了老马 Pinsa 的特点，尤其是面皮酥酥的，老马说：

The difference between the pizza and the Pinsa is that befor the pizza is all wheat flour with high gluten content instead the pinsa is made with different types of cereals as rice soya bean and spelt, also the fermentation is very long at least 48 hours for the pinsa and water content is more then 70%.（披萨饼和拼萨饼的区别在于，披萨饼都是高筋面粉，而拼萨饼是由不同类型的谷物混合成的，如米、大豆和斯佩耳特，发酵时间很长，而披萨饼的含水量超过70%，发酵时间至少为 48 小时。）

Pinsa 是在意大利中部罗马地区，Pizza 是意大利南部那不勒斯地区的美食。

我们还吃了一款龙虾面，有新意的是撒上干鱼子碎，也有说是海胆碎的。都好。

烤 T 骨牛排很有肉感。总觉得吃这种有劲的肉，人可以长成大力水手。

这一餐，老马过来了三次，最后一次，特郑重地让我提提意见，我说，吃得很舒服。老马兴奋地说，对对，就是做让北京人感觉特舒服的正宗意大利菜。我说，Pinsa 酥酥的口感，我很喜欢。他睁大眼说是真的吗。我也郑重地说，真的，我想吃 Pinsa 的时候，就可以不用去意大利了。

我还说，听说老马家里都会做饭。老马听了特自豪，我接着说，最后还有一句话——你们家，你的厨艺最差。老马差点晕了。

冬

至

90 后美女主厨姑娘，厨艺了得

济南联合利华饮食策划和大董公司以及山东凯瑞·绿地泉客厅共同举办了一席二十四节气冬至宴。

绿地中心的总厨是个 90 后姑娘，叫小丰，北京人。她去纽约自费学习西餐，四年后回到北京，毅然受聘济南绿地中心。姑娘总厨长得漂亮，一身青春气息。

席前要讲话，姑娘总厨的开场讲话也是语出惊人，你听：

大家好，我是小丰，是今天泉客厅的出品主厨。

我想给大家一个最真诚最真心动的菜品呈现。

食材溯源，济南故事，中西融合，国际视野，这是我今天菜品的主题，做济南风土。风土，指的是土壤条件。时间与土地，传统与文化，地理与气候，融合积累成无法取代的地方特色。今天我给大家的三道菜讲述的都是关于山东的风土的故事。它可能不是传统意义上的鲁菜，是另一种视角的真实表达。

第一道头盘菜是泉味小品，或是泉城四重奏。用山东各个地方的特产做成，有阿胶猪手冻、烤制白云湖的南荠裹蛋白霜、雪蟹鳗鱼卷配香槟醋以及用马爹利 XO 和马德拉葡萄酒腌制的腐乳鹅肝。

第二道是湖鲜菜，叫做赤鳞·风土。赤鳞鱼生长在泰山清澈的山涧溪流中。传说龙生九子，而赤鳞鱼的元神就是龙的第八个孩子，名叫螭吻，赤鳞鱼也是由此得名。它代表山东本土文化。

用本土文化和海洋文化做一个对比，在这道菜中，我用咖喱和无花果的酱汁，配烤制的牡丹虾和紫苏酱，搭配烤制的赤鳞鱼，一个味道娇嫩鲜美，一个味道酥脆浓郁。

这道菜名字的想法好，把地方风味国际化。

赤鳞鱼是泰山脚下一处黑龙潭的湖鱼，赤鳞鱼清炸，配紫苏香草和黑海盐，牡丹虾清灼配黑鱼子和无花果酱，这个酱配合好，颜色粉红，有果籽口感。

第三道菜是一个小品，杨梅、蓝莓、覆盆子、红加仑，各种浆果配上小麦草、薄荷和各种香草、橙花水做的汤汁。口感清新、酸甜。有一天我在河边散步的时候想到的。

因为下一道菜，大董团队用到柑橘类水果——指橙。清口承接下一个味道。

我的菜品就介绍到这里。

她的出品如她所言，同样出彩。

济南这些年进步很快，从绿地中心的小丰姑娘可以看出来。

中国这些年有很多 90 后青年厨师，在欧洲美国学习西餐。也有如上海蓝带烹饪学院，在中国办学。这些青年学成后，回到中国，从根本上改变中国厨师的厨艺水平，对促进中餐国际化作用很大。这条路是对的。

二十年后，我走到济南

二十年前，我们几个青年厨师去看正宗的山东菜，开车就去了山东。

从北京到天津、烟台，一直到了荣成，然后经青岛、济南返回。

二十年前的事，都已经淡漠，却记住了几件小事。到得蓬莱，已是晌午。前不着村后不着店，干脆在海边的村子，进了人家——直截了当，说给我们做点吃的吧，给五十块钱。

那一顿饭吃得惬意啊。盛菜用盆儿：一盆儿海蛎子，一盆儿扇贝，一盆儿炖杂鱼，就着煎饼、虾酱和大葱——好像还有一盆儿鱿鱼须子做的汤。

人吃得舒坦，容易犯困。饭后，在人家的大炕上，几个人七歪八扭迷糊，一会儿就有了鼾声。

风顺窗户吹进来，凉爽里有腥腥的大海气息。我睡不着，出了院门，没走几步，就到了海边。

礁石上海苔墨绿色，像风中丝带，随海水飘飘扬扬。海水清澈，想捧起来痛快喝一口。不敢下海，怕被海里什么拽进去。一个人在海边，觉得天大海大。

人在这样的海边，可以想和海一样深邃的事。正如智利诗人聂鲁达说："我用第三只耳朵来倾听大海。"

在烟台，租了渔船去钓鱼。记得渔船漂了老远，没有钓到一条鱼。回头上岸，船主说，近海早没有鱼了。

在荣成，看了白天鹅。落日中的白天鹅，红丝绒一般。两个白天鹅，弯颈出一个心形。这个瞬间，牢牢地在记忆中。

四五天后，来到济南。晚上十点多，问一路人，济南最好的饭馆是哪里。那人一指，说"舜耕山庄"。走近一看，是个大宅门——多年后，认识了舜耕山庄的黑总，吃过一次饭。

这次来济南做联合利华活动。黑总又在舜耕山庄请吃饭。

时间过得真快，一晃二十多年过去了。

我又到济南，还是有很多济南风味，让我好奇。

济南人厚道如故，菜上了一桌子。鲍鱼有拳头大。后来想想，这是南非干鲍鱼，肯定是为了接待我们，特意准备的。我吃在嘴里，看在心里，心疼。

桌面上还有一些老菜：九转大肠、爆腰花、油爆双脆。爆腰花做得很地道，我能吃。还有一个把子肉，没有一点腥气，全是肉香，我吃了四条，这是多少年来没有的好肉——从人类中心主义的角度来看，一头好猪，遇见好厨师，做出好味道，这头猪是死而无憾了。

这些年几乎没吃过好猪肉，有时候肉烧得好，却有腥味；有时候猪好，遇上二把刀手艺。猪好手艺又好的馆子，没见到。吃一口好肉，现在靠缘分。

这桌席上，有几个菜没吃过。听着黑总讲，倒是开眼。

"济宁糊粥"，米香、豆香甚浓，略有糊味，称糊粥，温胃养胃。尤其醉酒，喝一碗糊粥，顿觉舒服。这粥稍冷却，起皮，但下面依然烫热。"心急喝不了热'糊涂'。"据说郑板桥当年从郓城过，喝糊粥后，写下"难得糊涂"。

我还听过一个版本，是郑板桥在郓城（yùn）遇见一位"糊涂老人"，题给老人的赠语。不管怎样说，"难得糊涂"为至理名言，和郓城（属山东菏泽）有关，老百姓传下来，这就好。

"济宁糊粥"是济宁特色，称不上高大上的美食，但很多远离家乡的济宁人都难忘，说明美食之美，有乡愁因素。家乡味，让人想起家乡的山水，总能从中吃出离乡别绪。岁月悠悠，人愈老味愈浓。

"甏（bèng，瓮之意）肉干饭"也是济宁传统名菜。用陶锅炖肉再和大米饭放在一起吃。朴茂香浓，据说是大运河漕运带来的南北味道合体。

还有"糁（sá，方言）汤"，又名"肉粥"，是山东传统名吃，流行于鲁西南一带，尤以济宁为最，是当地百姓的日常早餐，有悠久历史。

黑总比以前更热情了。一桌子饭，都是好吃的，吃不下去了。"举杯停箸不能食"，更是因为念及二十年来的往事和回响。

山东有味是家常

参加烟台创建"世界美食之都",提高烟台城市品牌专题研讨会。中午烟台全聚德董事长、总经理汤慧妍请吃午饭。

我和烟台餐饮界朋友来往,有二十多年时间。今年密集。

这次午饭有几个菜,印象深刻。

菜单里有四时鲜:小黄瓜、番茄、提子、无花果。这些已是寻常之见。番茄最有味道,吃在嘴里浓郁清香,甘甜有味。我以为是蘸了糖的呢——像糖拌西红柿。

冷菜里,一道颜色殷红、晶莹剔透的菜引起我的注意,尝一口是蜜汁红薯。菜是老菜,这么殷红的红薯,第一次见。口感绵软甘甜。大家喜欢吃,你夹一筷子,他夹一筷子。好吃的美食,大家都伸筷子。红薯在烟台叫地瓜。特意问,它的名字叫蜂蜜罐地瓜,是威海、烟台的特产。名字很有产品特点,空口吃,像蜂蜜渍过。刚刨的蜂蜜罐地瓜,蒸熟的口感是粉的,要等一个月的时间,淀粉转换成糖分,才会稀软糯甜。我一直想做一个冬天的甜品"踏雪寻梅",觉得蜂蜜罐地瓜能捏出红梅花儿。

烟台长岛是出海参的地方。"辣椒炒肉焗脆皮海参"做法有新意,用面皮炸一个桶,把"小炒肉"和炖好的海参装在里面,海参借小炒肉的味道,大家吃得津津有味。

"香菇虾夷贝石锅烤饭"也是一个好吃的饭。在一个石锅里,虾夷贝和香菇烧在一起,在石锅里煲出浓浓香味。

"白菜炖鳐鱼干"是烟台的老味道。鳐鱼烟台叫老板鱼。烟台人喜欢把老板鱼晒干,可做各种炖菜。鳐鱼干和炸丸子一起炖大白菜,还是家常菜顺口。

今天有一道大家很熟悉的"炝锅面"：把葱花炒焦香，炝酱油，煮杂面。我特意闻，葱香特别浓郁。和烟台的葱有关系。也可能和烟台人的口味有关系。炝锅面就是香。

最后要说一道兰州百合做的菊花型菜，这又是一个新样子。百合雕出菊花的样子，惟妙惟肖，逼真好看。

烟台全聚德是个老字号，有老味道也有新意菜。

烟台申办世界美食之都，有天然优势，这对提升烟台餐饮发展有积极推力。

鲁菜有"北方代表菜"之说，对黄河流域和中国北方的美食口味有大的影响。2019年餐饮消费已经跃居中国第一，当然这和山东的人口基数大有关系。山东菜的口味及形态还停留在大众自赏阶段，如能加大时尚元素，味道多元化，并将传统味道精致化，会在"国际美食之都"有很大作为。

马爹利三百年的庆典再回忆（一）

2015 年，经勃艮第去巴黎，参加马爹利三百年庆典。庆典在凡尔赛宫举行，当晚，法国空军表演特技飞行隆重恢弘，庆祝晚宴尾声施放了烟火。

去勃艮第马爹利酒庄，有些事似有淡漠，有些事镌刻于心，历久弥新，老而有味。

（一）干邑马爹利香特露庄园，马爹利第八代传人 Antoine Martell 的家，庄园很气派，只有在欧洲才知道气派是啥样子。

1838 年马爹利买了这个房子，设计师与巴黎埃菲尔铁塔是同一个人——古斯塔夫·埃菲尔，风格与法国建筑一样，大气，漂亮。

我们刚进院子，从里面跑出"年轻"帅气男主人。

随着主人进入客厅，温馨的家族气息，随着香槟的气泡满溢开来，可爱的小板凳，桌子和地上满处可见的"小动物"，温暖的壁炉。这虽然是一个贵族的大家，更是一个温暖、充满爱的大家。

见到一个小巧可爱的板凳的时候，我直接坐了上去，隐藏的童心随之荡漾起来。

墙角有一个不起眼的，从没见过的椅子，且叫它"lovely"双人椅，让我们玩得开心不已。我和 Antoine Martell 直接坐了进去，玩起了交杯酒。

哇，原来是情侣或是夫妻间聊天用的，显得多么温馨，充满爱意。看来，不管是朋友还是亲人或是夫妻，沟通有多么重要！

终于晚宴啦，照片里，大家开心和兴奋，这是烛光晚餐。有帅哥陪的那种。

Antoine Martell 先生介绍说，这个餐厅一直不开电灯，只点蜡烛，So，法国人的罗曼蒂克，英国人也不逊色啊！

烛光晚宴开始：

第一道菜：三文鱼，低温做法，很嫩很嫩。

照片拍不清楚，凑合看，haha！

第二道：汤，中国 Style！

第三道：小牛肉。

嫩极了的小牛肉，搭配早上沾着露水采摘的，蘑菇做成的汁，当地产的鲜甜的小土豆，美极！神仙不过如此！看来这个富家公子哥，每天的工作就是到处寻吃和陪吃啊！

西餐很讲究食材，追溯它的产地永远是个时髦的话题！洋气！

更要提到的是搭配的两款酒，都是我最爱！

一款甜品搭配了马爹利蓝带上场，一口甜品一口美酒，结束了今晚美妙愉快的晚宴！

Antoine Martell 先生说：再老的东西不能让它成为博物馆！要继续存在和延续下去，要传承并迭代新的东西，让下一代、下下一代能够欣赏并享受！

当然，不管是生活，还是家庭，离不开罗曼蒂克、美食美酒、温暖和爱！此次旅行，最重要的是爱的收获！

马爹利三百年的庆典再回忆（二）

早上，在香露特庄园，享受了中式的大米粥，搭配了自带的豆腐乳，太美了！

今天在一个和马爹利合作了五十年的小作坊，让大董（中国劳模）自驾采摘葡萄的机器，好期待。

葡萄园只有四个工人，确切说他们应该是拥有 50 公顷葡萄园的地主，看着不像干活的人。

干邑白兰地的葡萄品种，不是梅洛，不是西拉，更不是赤霞珠，是她——白玉霓（Ugni Blanc）。

通过全工业化机器收割。

压榨，高温 20℃ 发酵，红铜桶二次蒸馏，橡木桶陈酿，玻璃瓶储存。

因每年的酒精挥发是在 2%，所以，马爹利干邑白兰地的橡木桶陈酿一般不超过六七十年，酒精浓度不得低于 40°，否则没有酿酒的价值！

与此同时，我们了解到，不同的橡木桶，陈酿出的白兰地的色泽和香气是不相同的，比如这两款酒：

一个是用较细致纹理的橡木桶，一个是较粗犷纹理的橡木桶，陈酿出的白兰地的比较，前者陈色较重，芳香味浓郁。

十年陈酿的白兰地如 90 后少女般大胆，芳香四溢，而相反另一款则更稳重，内敛，结构感强！

更"涨姿势"的是：新桶的着色和赋予酒的木桶的味道更快，更浓郁，颜色较深；而老桶对酒的陈酿，会使酒体着色较慢，且含蓄，香味内敛，适合陈酿时间较长的年份的葡萄！

（三）2016 年 10 月 11 日下午，参观尚·马爹利的故居。

记录着 1858 年马爹利和中国贸易往来笔记。

（四）在马爹利酒窖参观。

马爹利公司用六款生命之水，为大董先生调制了一瓶 1961 年的白兰地。

其中，三款保德区（1941、1943、1950），三款大香槟区（1927、1929、1961），其味道独特优雅，回味悠长，甜蜜芳香。

用托台林区（trontais）三百年的橡树做了二十四个橡木桶，来纪念马爹利三百年庆典，好期待这一批橡木桶酿制出来的酒。

换到另一个更古老的酒窖，品鉴 1830 年和 1875 年采摘的葡萄酿制的酒。

1848 年，39°，大香槟区，结构感强，黑加仑、榛子、核桃的味道，口感回味悠长

1875 年，在橡木桶陈年四十九年，两杯区别，木香没有那么明显，45°，喉咙酒辣味浓，回味不是很长，但很特别的生命之水。

两者混合，酒精约 42°，口感丰富，回味长，甜味来自蜂蜡！

一天的参观和学习很快结束。让人思绪万千，中国企业做百年品牌，任重道远。

作为职业经理人，我们的职业生涯像极了马爹利在做的三百年，对于马爹利的极致和追求完美，让人更加尊敬。现在，马爹利传人和马爹利公司已经没有关系。

一个公司的传续有多种方式，这只有时间能说得明白。马爹利干邑白兰地三百年来更加醇雅馥郁，余香不绝。

事事如意，XXO

马爹利三百年的庆典再回忆（三）

2015 年隔后的四年，马爹利调配出了 XO 级的更高级别 XXO 级。

马爹利在上海举办了法国小皇宫之外，在中国上海的隆重发布活动晚宴。

作为活动晚宴的主厨，我在第一时间被邀和首席酿酒师克里斯托夫·瓦尔托（Christophe Valtaud）见面，听他讲解如何以更复杂的调和工艺，融合 450 种来自干邑四大产区的"生命之水"调和成全新马爹利 XXO，凭借更长的窖藏年份，为干邑鉴赏家带来超越 XO 级别的奢华干邑体验。

我和法国大厨盖伊·萨沃伊（Guy Savoy）以中西合璧的五道佳肴，联袂呈现了一场精彩纷呈的味蕾飨宴，与马爹利首席酿酒师克里斯托夫·瓦尔托共同演绎了餐酒搭配的至高境界。

晚宴开幕前，我和主厨及总调酒师共同接受媒体采访，我们接受了很多提问。接受提问的时候，我在走神儿，想起 2015 年我在马爹利酒庄的一些情景。我突然作为受访者提了一个问题：作为一个厨师，很难想象用四百多种"生命之水"去调和白兰地。就是说，XXO 是调和之前的设定，还是调和之中的偶然产物？我提的这个问题，媒体同样感兴趣。总侍酒师郑重地说，一切源于经验和上帝赐给的甘露。

马爹利 XXO 晶莹的琥珀色泽，洋溢着蜂蜜的甘美和丰富的果香，芳醇余韵。瓶身柔滑的曲线外加优雅的螺旋装饰纹案，创作灵感来自香特露酒窖入口处的雕花铁艺大门，是马爹利 XXO 的酒瓶造型。品马爹利

XXO，仿佛重温马爹利酒庄和香特露庄园那几天的美好时光，感受马爹利调和艺术精髓。

我惊喜马爹利近年的发展，三百年盛典后，大中华区在王珏女士的经营下，在全国餐饮界美食界发力。去年起，做"好奇"餐厅，联袂全国大厨大作阵势，风起云涌，影响广大。洋酒爱好者，举杯必是马爹利，笑谈爱说 XO。

我的新美食学院刚建好，在酒吧区和 vip 接待区，马爹利品牌系列成为大董学院的亮点。

我第一时间得到马爹利 XXO 后，直觉这是一款助力发展顺利之酒、事业成功之酒、人生得意之酒。人生得意须尽欢，莫使金樽空对月，说的就是 XXO。

事业发达，XXO。

冬天，想起龙井草堂

春天去过龙井草堂，夏天去过龙井草堂，秋天去过龙井草堂。冬天呢，又想起龙井草堂。

春天的龙井草堂，和杭地的山居一样，草木蔓发，春水流潺。有苔痕鲜绿，在阶石缝隙中萌芽。草堂背阴处，倚龙井春山，老茶树新芽初露。

学采茶妹子的姿势，装过一次模样，感受了一次春味儿。茶园随山拾上，古树葱葱。一路小径，曲折蜿蜒，望顶盘错而返。

回得草堂，春味儿亦满怀。春笋，春虾，鱼豆瓣，满桌春意。

夏天的草堂，如唐高骈诗，只见"绿树浓荫，池塘有影，微风帘动，蔷薇在墙"。三伏听蝉声蛙鸣，飨金蝉银翎，惬意阵阵涌来。

我记得秋天吃时令——红烧青鱼划水——才懂苏浙人菜单丰盈，无论居东西南北，皆有江河湖海。知味儿会品，能说会道，苏州现在华永根、杭州阿戴，皆为时俊。江南物华天宝，人杰地灵，一方水土养一方人，知地方风物，为地居之人耳。

曾冬天去杭州踏雪寻梅，却未曾进得草堂赏味，想雪后的草堂，有"遗园"之韵吧，那里也是萧瑟冬趣、红泥火炉吧——能不忆草堂。

昨日，和吾师张用九言及龙井草堂，说相偕去过，他有诗为证：

一、龙井草堂

十五年，堂奥渐深

书法有浇漓的稀薄

老友来访，如缓缓归

各自不言志，呷茶与酒

哪座峰峦被古人凝视过？

又将这凝视，坍缩为郁郁黄花

宜园不宜太过久留

否则桑树下亦能牵绊三日

多情种柳，无情飞烟

云霭晴定于夕鸟之间

山气东来，山河细看

如对故人。谁家小鱼划水

野鹅上岸？风波中樱花凋落一片二片。

美人对美的态度真是可恶呀，

占尽了风光中的旖旎。

柏师脄肚，虹吸美酒；

而阿戴指点风土之味，以目食之

更有二十四节气，锁于深柜

他想对大董说：

"君来，就是春天。"

二、草堂食单

田螺，姑娘端上

鱼划呀划，划成了火

掐头去尾，白菜舍得

心幡皆不动，只有腮动

捕捉一碗心思

豆浆磨成了镜，照亮

春天的门楣

何事入罗帏?

唇边让齿颊留香。

春日迟迟，宴坐

凝然省得红烧肉的鲁莽

满坐衣冠文物

谈吐皆有笋尖

儿童不解耕织的辛劳

掏蛋采椿倒是一把好手

春天待人不薄

光阴尤为忠厚

"年轻人，你的职责是

平整土地；而非焦虑时光。

你做三四月的事，

在八九月自有答案"

以下为美籍建筑师柯卫即兴用英文翻译、朗诵的第一首：

Chamber of dragon welling

Chamber deepening, a decade and half

Ink writing thinning... like rain drizzling

An old friend's visit

Always away

Of slow

Returning

Between sips

Of wine

and tea

Words of intent are

Unuttered

What peak! what mountain!

Can withstand

Timeless

gazing

And In turn

Collapsing back

Into darkness

Of

yellow melancholia

Easing into

easiness,

has never been

Eas... neither was

lingering under

a mulberry tree

For three moon rising

Ever so

Sentimental willowing

and forgetting

Without any smoke

hues of the westward sun

East rising, hills and earth...

this world, shining under

your familiar

gaze

...grazing under waves, tender swarming against

your current... stepping ashore

wild goose... floating...

Gone

With the wind

Are Pink snow

of Cherry blossom

Each flake, to her own

In her own

dream

Nothing more

vulgar than beauty's own ways

unto her own

Taking in

all

Consummating

consuming

Herself

With nothing more

Than

Simply

gazing

12 full

12 voids

Moonlights

Moon nights

Bright

Shining knights:

"When you do

come

So,

Does spring

Herself."

芋头、姜薯和糯米山药，甜甜嘴儿

立冬后，北京渐寒冷，冷风灌脖子。前年，去汕头看望蔡妈妈，进屋，蔡妈妈进厨房，端出一大碗糖水姜薯。姜薯滑滑糯糯，甜在嘴里，心里一下子热了。

前两日，去上海"辉哥海鲜火锅"吃饭，大美女美食家、洪瑞泽的姐姐又特意嘱咐要吃糖水姜薯，说在潮汕，冬天都要吃姜薯。

我对姜薯感了兴趣。回北京做各种姜薯吃。

这几天又有温州朋友送来"糯味山药"，我就做了一个姜薯和糯味山药的糖水。

糯米山药干香，也可以用"甘"说它，"干"似乎更贴切。糯米山药样子像大块姜薯。口感干香，干得噎人。想想在吃过"干"的食物里，糯米山药是最干的。

广西荔浦芋头也是干甜，最好用"甘"说。芋头有很多吃法，最简单的吃，蘸白糖，最能吃出芋头的味道。吃芋头可以分出阶级属性，城里人蘸白糖，还有做创意吃的——用加拿大枫糖浆煮无花果和芋头，有甜有香有口感，特洋气。芋头在乡下和肉做在一起，质朴实在，可抵冲米面。荔浦芋头扣肉，属于"中"产阶级，"中"产阶级都爱吃芋头扣肉。芋头在菜里有阶级暧昧性，受到各阶层喜爱。芋头淀粉含量高，甘甜佳美，能消弭美食阶级分歧。

淀粉带给人类的快感无关宗教、阶级或者文化差异。美食产生的快感，淀粉、脂油、糖中，淀粉最直接，最容易获得。排除吃碳水化合物的罪恶感，淀粉会带来很满足的快幸感（快乐幸福快感）。

吃下淀粉，通过唾液酶分解成葡萄糖。葡萄糖通过血液传送到大脑，获得葡萄糖这个能量源的大脑就会产生快感。吃甜食和患酒精依赖或者尼古丁依赖一样。减肥不食碳水化合物的人，心里馋得要死，吃一口，幸福感要比不节食的人大很多倍。

　　和糯味山药同属的河南商丘铁棍山药最有名。曾经，有云台山朋友给我运来一车铁棍山药，说男人吃了好。这一车铁棍山药，吃了一冬天。吃得腻烦，就变着花样吃，试着炒了黑松露酱，味道绝妙。这么好的味道，一定要配个鲍参翅肚们，才觉升舱，脱离了低级趣味，成为高大上阶级。

侯新庆被"黑"了

隋朝开凿大运河，形成运河沿岸大文化圈繁荣。扬州其时，盐商大贾，人文荟萃，奠定扬州菜咸鲜隽纯、精雅细致格局。淮扬菜形成。

扬州菜近代则几起几落。

四九年开国第一宴后，北京饭店有淮扬菜。社会菜馆淮扬菜有玉华台、同春园。同春园名厨高国禄先生，做松鼠鳜鱼要用三把勺。一把勺炸鱼，一把勺炒汁，一把勺沁油。三把勺同时出锅，松鼠鱼上桌"哗哗"响，说是"头昂尾巴翘，挂汁滋滋叫，形态像松鼠，色泽逗人笑。"

改革开放后，粤菜大行其道。淮扬菜低迷。

北京国贸中国大饭店有"夏宫"，在不同时节，做过多场美食节。我曾问饭店总经理，为何要做美食节？说是吸引客人。我说吸引客人应该做餐厅个性。做美食节只会把饭店做成食堂。

后来，侯新庆来中国大饭店就任总厨。侯新庆来北京，第一时间找到我，征询意见。我和他说，要做淮扬菜精品，做出个性来。

侯新庆从厨近三十年，砧板和炉灶技艺高超精湛。侯新庆"文思豆腐"的刀工，在餐饮界堪称传奇，豆腐可以切得细如发丝，均匀如一。

侯新庆在中国大饭店，做全新淮扬菜。松鼠鳜鱼做成一人一小条，这难度太大了。把淮扬菜"拆烩鲢鱼头"和福建菜"佛跳墙"结合在一起，整出一个"侯氏鱼头佛跳墙"。鱼头佛跳墙并不是简单的将鱼头和佛跳墙捏在一起，而是有一个大厨面对市场、让生意红火起来的聪明和思考——这道菜，用佛跳墙的高位，做名头；用低廉好吃的鱼头，做价位。这样一道好吃不贵的大菜，得到好声一片。

侯新庆在北京出名了。中国大饭店的夏宫被客人们叫成了中国大饭店淮扬厅。网上经常有中国大饭店话题，大都是溢美之词。

2014 年 4 月 18 日，侯新庆被调去南京，向我来辞行。我在工体请他吃饭，拿出 1981 年的五粮液一起喝，记忆犹新。像大家期待的那样，南京香格里拉饭店，成了全国美食界的打卡地。南京香格里拉饭店的"江南灶"餐厅，更有江南文化韵味，环境和菜品主题更加突出。侯新庆的菜品在这个阶段趋向成熟，侯新庆用他的名字命名了"侯新庆鱼头佛跳墙"。侯新庆这几年炙手可热，是当今淮扬菜大师级厨师。

这样一个时代的美食行业精英，却被"黑"了。

我一直尝试将淮扬菜的文思豆腐，做得有水墨画韵味。很多年前，我在扬州富春茶社学得文思豆腐。多年后，偶然用黑松露和墨鱼汁调味，文思豆腐有中国水墨意境。

文思和尚切豆腐，是把豆腐切成丝。侯新庆切豆腐，却把一块豆腐切的横竖不断，也细如发丝，均匀如一。

我也做侯新庆的菊花文思豆腐，调墨色松露味儿。在黑色汤盆里，发散飘逸，有黑白雅韵。请几个朋友尝过，大为赞赏。

沈宏非先生尝后，说："侯新庆的文思豆腐被黑了。"

流年风味人间

梁实秋在他的美食文章《馋》中，从春天写到秋天。秋天，写糖炒栗子、爆烤涮羊肉，到七尖八团的大螃蟹戛然而止。又说，过年前后，食物的丰盛就更不必细说。一年四季的馋，周而复始的吃。

确实，过年前后食物的丰盛就是太多了。每年进入腊月，各地都要做腊肉。各地的腊肉，风味儿都不一样。

很多年前，腊月前后。去眉山，苏东坡的老家。眉山的山，山清水秀，山上竹林茂盛。开车进山，在山顶看竹海，竹涛汹涌。从无边无际处，哗地涌过来，一会儿，又哗地倒过去。

村子是在竹海里，竹子有几丈高，修长俊美。羡慕住在这里的人，想象他们都如苏轼，有肉吃，还有竹一样谦逊品格。

多少年后，北京中关村盈科大厦移栽了几颗这样的修竹，说是单棵的价值在十万元。联想住在竹海的眉山人，真是富有。

王家渡在岷江支流，江水弯弯地流淌过来，修竹也弯弯地在渡口倒向江中。暮色、霜天、倒竹、船横、寂寥。

眉州东坡老板王刚先生请我们在渡口的小船上，吃火锅，香味在暮色中，飘得很远，同远江的野鸭叫声和在一起，去了江面暮霭的那一边。

过一天，在王刚竹海家老屋里，吃午饭。烟腊肉挂在房檐下，风干快月余，走近有浓浓的松烟香。

挂在房檐下的猪肉，是王刚自家养的，吃野猪草和麦麸。这猪肉用松针熏了将近一个星期，肉近浅黄色。

烟熏的腊肉用菜籽油煸出灯盏窝，肥肉透亮，在锅里滋滋。二荆条辣椒、茂汶花椒、葱瓣、蒜颗、姜花儿炝锅。香辣味道从屋里飘到院子里，所有人不约而同咽口水。再下豆豉、豆瓣酱煸炒，红油溢出来，是夺命馋虫，在人肚子里抓。再炒青蒜，菜就成了。

这回锅肉，和一般回锅肉不一样，烟熏的味道在嘴巴里久久不散。我戒过烟，再复吸前，有强烈的烟欲，把烟放在鼻子下，烤烟的香味，是勾魂的。烟熏腊肉炒的回锅肉，也是勾魂的。

我最爱吃王刚家的辣香肠。在我心中，中国最好吃的三种香肠是哈尔滨的熏红肠、东莞肉蛋蛋和眉州东坡的辣香肠。我曾经用眉州东坡的辣香肠加黄油土豆泥和芝士煲过米饭，那是最过瘾的一个饭，吃一口立刻上瘾，停不下来，能把人撑着。

那天还吃了腌鸡，腌鸡是眉山过年必备的年货。乌鸡烧芋儿。农村自家地里的豌豆尖用菜籽油炒，香且清鲜。

我第一次吃冲菜：先将菜洗干净，晾微干，用抹刀的方法切成小颗粒状；锅里什么都不放，中火轻轻翻炒，出锅，盛碗里，用筷子翻一下降温，会出来芥辣味道，这就是冲鼻子的冲菜。那天还吃了，提前发酵的冲菜，芥末味儿很足。放点盐、醋、红油海椒，过瘾得停不下来。还有儿菜做的泡菜；油渣炒的菜薹都留存在我的舌尖上。

饭后，在老屋院子，坐竹椅，喝茉莉花茶。我一直以为只有北京人喝茉莉花茶，还是高末的。王刚家的茉莉花茶是峨眉山万年寺茶。用乐山犍为的茉莉花，这花儿朵大、色白、水分少、香味足。要窨（xūn）七次。

放在罐子里和味一个月，花香就完全融入茶中。春茶、夏花，秋冬品，年末岁尾，一年的味道在。一杯茉莉花茶，微风有寒意，晴空无薄云；花在杯中沉浮，留有一抹香兰。

流年一锅味，风味在人间，遥想东坡当年，眉山英姿勃发。

大董2020元旦美食献词——美食之美

我常常想，如何表达美食之美?

美食有两层涵义：1.美食的食：（1）食材；（2）饭菜。2.美食的美：这里主要表达美食的"美"之意。美，指美好，也有快乐、愉悦、幸福之意。

美食有食材之美，也有吃饭时的体验之美。二者都有主观性。不同人有不同的美食价值观。

有羊大雄健为美；有羔羊肉嫩为美；有清爽鲜雅为美；有腥臊恶臭为美；有膏满脂丰为美；有小味家常为美；有辛辣刺激为美；有寡淡平和为美。

《菜根谭》说："浓肥辛甘非真味，真味只是淡；神奇卓异非至人，至人只是常。"

悠远绵长的味道常常不是从浓烈的美酒中得来，而是从清淡的食物中得来；惆怅悲恨的情怀不是从孤寂困苦中产生，而是往往来自声色犬马。

郑板桥也说"青菜萝卜糙米饭，瓦壶天水菊花茶"。说的就是"真味是淡"的境界。

淡比之浓，或许由于接近天然，似春雨润物无声，容易被人接受，所以真味是淡。

东坡说："人间有味是清欢。"是至理，是人生度尽劫波后的大彻大悟。

这和民族、文化、习俗、物产、气候、心理、交流都有关系。所谓"十里不同风，百里不同俗"，"一方水土养一方人"。即使同一屋檐下，一个盆里扣饭吃，酸甜苦辣咸，萝卜白菜，各有所爱。

中国有一句话我深以为然，《孟子·告子上》："口之于味也，有同嗜焉。耳之于声也，有同听焉。目之于色也，有同美焉。至于心，独无所同然乎？"

孟子从美学角度分析，美感认知，来源于人的生理感官的共同性。

我想美食之美，是常淡、雅致，是舒心、快乐。美食之美是：1. 可饱腹，有愉悦感。2. 好的口味。3. 你的家味，这写在你的舌尖上，叫舌尖上的味觉基因。4. 雅味，让你显示优雅气息，显示你的教养。5. 体现中国诗词歌赋之美。6. 美食之美，要有文化感召力，世界人民以吃现代中餐为荣耀。7. 立足世界文化大同，立足大中国菜的概念，世界文化大同和美食融合是人类进化的基因。8. 传统要精致，潮流要大雅。9. 美食之美要体现中国的国家影响，成为振兴中华民族的文化软实力。

文化者以文化人，美食者以食美人（醒人、警人、喻人）。我想美食家、烹饪家的意义就在此。

历史自开篇以降，厨师位卑人微，形象不佳。以至于有"五子行业"之称。所谓五子：厨子、戏子、剃头挑子、窑子、澡堂子。现在常有电台、书本、网络把"厨子""厨子"挂在嘴上者，这是在骂人，不美。

即使厨师是这样的卑下，厨师还是以精妙的手艺，幻化出无穷美味，给人愉悦、快乐、幸福。厨师自己亦常常以此感到骄傲。

我家老父亲退休在家闲居，常做一些美味，端给左邻右舍，院子里的老小吃了他的美味，纷纷说好，我父亲最爱听大家夸赞。胡同大院子是祥和的，温馨的。

烹饪工作的意义很多，比如，如果我在军队当厨师，第一要保证士兵们吃得饱、吃得好，有战斗力；当然最好是野战炊事车做出来的；我还想我要研究中国军队最好的野战口粮，有能量，还好吃，能加热，又方便。我曾经看过美国等发达国家的军粮，品种多，热量高，好吃，可以自带加热。

张岱国破家亡，唯美食可以让他乐观，对故国家园的深情凝望，那一星半点的喜悦足以抗衡整体的失落。陆文夫《美食家》里的朱自冶也是，天涯沦落之人，唯美食可以慰藉一颗凄凉的心。

张岱纨绔时，满足尽多，但只有破落时家乡的素味可慰藉心灵。

东坡年老以朝云为知音，朝云指着东坡肚子说，一肚子不合时宜。东坡作"水光潋滟晴芳好，山色空蒙雨亦奇。欲把西湖比西子，淡妆浓抹总相宜"。我透露，东坡喜欢朝云，皆因黄州"东坡肉"出自朝云之手。

食物之美，非陶醉糜烂，非穷奢极欲。美食之美是享食之美后的食之反思，是繁华尽落之后的一碗素羹，是珍惜当下。

费孝通先生晚年总结人类和文明发展规律提出的观点，被称为"处理不同文化关系的十六字箴言"："各美其美，美人之美，美美与共，天下大同。"

加拿大巨紫球海胆，比我的中指还长还粗

冬季，北海道的水够冷。没有污染的海水异常洁净。积丹紫海胆及虾夷马粪海胆肥美丰腴。虾夷马粪海胆公认是最顶级的。

马粪海胆一般有 8 厘米长，膏厚肉多、甘甜不涩、味道浓稠、质感细滑；紫海胆色泽较橙红色的虾夷马粪为浅，有昆布及海水的咸香。

这个季节比虾夷马粪海胆加个"更"字的，是加拿大的巨紫球海胆。北太平洋西海岸，从阿拉斯加到加利福尼亚周边海域都有出产。

前两天在"吃肉"餐厅，阎师傅给我吃有 16 厘米的巨大海胆。这要生长多少年？

年轻的巨紫球海胆生长速度相当块。两岁时，它能在一年内生长 2-4 厘米，两倍于它原来的尺寸。六至七年达到成熟的尺寸。在十来岁的时候，海胆生长明显放缓。当海胆二十二岁时，它每年只从 12 厘米生长到 12.1 厘米。

在范库弗峰岛与大陆之间的海峡，科学家发现了一些形体最大的、估计是最年长的巨紫球海胆，在尺寸上达到了 19 厘米。经过测定，可能已经有二百岁甚至更长的年龄了。

看了这些资料，我心里真的一紧。海胆生长速度这么慢，人类这样吃，还不吃绝种？

嘎嘎嘎，还好，加拿大巨紫球海胆繁殖能力特别强，关键，重要的事说三遍：它们没有更年期，可以一直繁殖。这也太那个了。所以，不接近物种生存的脆弱濒危临界值，种群数量趋势稳定，因此没有列入物种保护名录。

我吃过三次好吃的海胆。一次在北海道，一次在表姐"高仓"家，第三次在阎师傅的"吃肉"店里。我说好海胆，一没有水味儿，二密实有口感，三没有臭地沟淄泥味儿。经常看别人吃海胆，摇头晃脑一脸陶醉，可我一吃，地沟味儿浓郁。我就怀疑了，他陶醉的味道我怎么吃不出来，而且我吃出了，臭地沟淄泥味儿，那个时候我可怀疑我自己了，我怀疑我的美食家身份。

阎师傅做了一个好玩的菜——casino，海陆俱乐部，是美国接地气的南方菜，把它重新混搭，突出加拿大的元素——选了温哥华北部海域的巨紫球海胆。每一瓣海胆黄足有大老爷们儿中指那么长，比手指头还粗，细滑透着香甜，一点儿腥涩味道都没有。配上鲟鱼籽酱、用苹果木片烟熏的法国生蚝、现磨的山葵；为了能够让口感更加丰富，拌生牛肉。就这么一小勺拌生牛肉，可费大功夫，自己腌红菜头，细细地把所有的小干葱、水瓜柳、蒜、法香和红菜头，切成大小1毫米见方的粒和手切的熟成牛排一起调制——surf and turf，传统北美烹饪里惯用的大菜形式。牛排加龙虾的组合在这里被变成了凉菜，挤上烤柠檬的汁水，一勺扎起来，海胆甘甜，鱼子酱咸鲜，蚝的烟火气和干式熟成牛肉的敦厚以及山葵清新完美地融合在一起。疯狂混搭，层次分明——口感和味道。

为这道菜，完全可以专门去一趟顺义，裕丰路一号同里市集的 Meat by Ernest 吃肉餐厅，反正也不远。

苏州夜点心

八九十年代，北京夜生活很热闹。东三环沿线，南起国贸北到燕莎是当年北京最时髦的地方，很多时髦的餐饮都在这附近。大董烤鸭店（店名叫北京烤鸭店）、三四郎日料店、松子日料店、酒吧街，还有昆仑、长城、凯宾斯基等五星酒店以及 Hard Rock 硬石餐厅、天上人间，北京最早的爵士酒吧 CD Cafe 也在这里。

三里屯南街，cafa cafa、芥末坊、隐蔽的树……有几家是艺术家和使馆人员最爱泡的酒吧。机电研究院院里，有蕉叶餐厅、狮子山下。蕉叶餐厅有特别好吃的咖喱面包蟹，为了吃咖喱，被挟持着吃面包蟹。

热闹的人折腾饿了，就出来吃东西。有点钱的，去农展馆南面的顺峰。农民工、下班回家的，或者白天不出来的人，也灰头土脸地溜达来。东三环长虹桥那时候很热闹，每晚都有挑担子卖馄饨的。五毛钱一碗，吃个热乎。

去年去了台中"逢甲夜市"，人声鼎沸，摩肩擦踵。樱花开时，去过上野公园边的夜市，排着队去吃章鱼烧。

我和华永根先生聊天，说起苏州的夜生活，华先生给我讲了一段，"苏州夜点心"。

苏州人吃早点讲究，从苏州文人吃头汤面可以看出来。苏州大家闺秀在家里吃点心看书，晚上文人喝酒写作。也有时候去看戏，戏馆散戏完事了，苏州人出来吃点心。

夜宵两个字，好像南方广东叫夜宵，苏州叫夜点心。

戏馆散戏回家的路上，顺路吃夜点心，夜点心主要吃什么呢？

炒面，苏州的炒面。在街头巷口支摊儿。火烧得很旺，用大油炒像筷子一样粗的面，在大铛里炒。炒面有肉，有菠菜，有时候是荠菜，也有鸡毛菜，各式各样，按照季节变，啥时候都要有笋丝。

在铛里面翻炒，这人要长得高大一点。炉灶锅子火力很旺，翻炒要快，要有一点点体力。翻炒好以后，上碗分面，绝活在哪里？就是分得均匀，面比较滑爽，有咬劲儿，每碗都要有点儿肉。吃得嘴上油渍麻花，满口生香。

吃炒面这种夜点心，油要多一点，放点酱油，很香。你在上风口吃，下风口的人闻焦香味。那时，食品匮乏，吃油渍麻花东西的人，都是馋馋的样子。有的人口袋里没有钱只能看。

吃街口夜点心，都不在店里，是在外面站着吃，越吃越香，吃到最后嘴巴都是油。

那时苏州晚上散戏以后，很流行吃夜点心。

也有在家里吃夜点心的。妇女在家里做针线活，有的小孩还没睡，夜已经比较深了，就叫吃夜点心。苏州有一种馄饨担，担子架像骆驼一样，俗称骆驼担子，前面是柜子和抽屉，存放食物和调料；后边有一口锅用来烧煮馄饨。馄饨在抽屉里面包好。你叫了，他才给你煮。

苏州晚上很静，叫卖馄饨，声音传得很远，有的时候还要敲一个竹帮子。

有的人家住在小阁楼上，就在床上放一个篮子吊下来，门都不要开，用自己家里的碗，从楼上放下来，煮馄饨的人把馄饨煮好以后盛在碗里，放在篮子里面吊上去，吃得很安静。

夜深人静，想睡没睡的时候，远处传来卖馄饨的帮子声，口水顺嘴角流下来。梦里也是馄饨的香味。

夜市是城市的锅气，透着惬意、自在。城市没夜市，就像萝卜去皮，大煞风景。

华永根先生讲苏州吃

苏州玄妙观，吃小吃的地方。家里表兄弟来了，母亲拿出做针线活的钱，带着表兄表弟到玄妙观去吃豆花，北京人叫豆腐脑。鲜嫩的豆腐花，盛在一个很小很精致的蓝边敞口白瓷碗中，放入榨菜末、虾米、蛋丝、味精、青蒜叶。在碗中滴入几滴香油，一股股香味扑鼻而来。

还有一种由小贩挑着一种名唤"豆腐花担"的担子，串街走巷，沿途叫卖"豆腐花"。这种"豆腐花担"的前担，是由台面、汤锅、炉担座和玻璃镶嵌的半六角形的立体调料座等组成。那后担，盛着绝嫩豆腐的圆木桶。姑苏"豆腐花"，小贩叫卖它的吆喝声非常奇特，只有一个"碗"字，那碗字在吴语中与"完"字相仿；在叫唤这个"碗"字的时候，小贩们往往拖着长长的、悠扬动听的拖腔："完（碗）——"对于苏州人来说，小贩呼唤的这个"碗"字是家喻户晓的。这是小贩们在招呼吃客将吃完"豆腐花"的碗及时送回，而对于初次到苏的外地人来说，他们不一定搞得清楚是怎么一回事了。

泡泡馄饨

吃泡泡馄饨。泡泡馄饨很有趣，筷子稍微沾一点肉酱，再在馄饨皮上一点，大拇指和食指一合，下锅，馄饨一煮，中间挤出来一个泡泡。吃泡泡馄饨，主要吃馄饨的汤。陆文夫写苏州夜点心说：一对青年男女，晚上在马路上，没有电影，也没有电视，就在马路边，两个人一人点一碗泡泡馄饨，中间再放一碗，两个人共吃一碗。先是自己吃自己的，一会儿可能是熟悉了，就吃中间的一碗。你扛一勺给他，他扛一勺给你。吃完，在昏暗的路灯下，依偎着，慢慢消失在灯影里。

等大（肉方）

苏州以前有个东西在菜场卖，叫咸肉。咸肉是熟的，下午三四点钟出来卖。熟咸肉有个称呼，苏州人叫"等大"。卖咸肉的时候有一个厨师搬出来一大块咸肉，他先切好一块，像手机一样大的方方正正的一块，放在案板上。然后他开始喊："三毛。"旁边的人都围着看，都不动，也不买，等着。有肉吃是一个大事，卖含肥油飘着肉香的咸肉是特大事。卖肉师傅喊：三毛，谁要？旁边人听到是三毛，但是要等。他认为第一块肉肉小，没意思，他要等大的出来，所以叫等大。没人要，他开始切第二块。切肉，总是有区别。一块肉有肥有瘦，有大有小。现在人吃瘦肉，那时候的人吃肥肉。排到自己时，如果是一块瘦点的肉，就让后面的人先买，他要等肥的。

糕团

苏州几十年前还是农耕社会。稻米耕种有六千多年的历史，二十四个季节都有对应的糕团。苏州人最喜欢吃的，是咸的猪油糕。猪油糕上面一层葱花，糕里面是大大小小的油丁子，蒸过以后，油丁子晶莹剔透，相当漂亮，一刀切下去猪油的油水就下来了，上面撒满碧绿的葱花。卖猪油糕，是人工切，一两粮票一块糕。卖糕的师傅经验丰富，切出来的糕大小都一样。猪油糕像豆腐一样，一板，长方，专门有一把刀，按照这个宽度切下来。买糕是有诀窍的。有不少苏州的老先生买猪油糕，糕的中间他不要，他要后面的那一段，叫糕头。他要两头地方的糕头。在擀猪油糕的过程中，猪油丁被擀到两边去了。两头的糕头油水足，猪油丁多。苏州的老先生老太太买糕头，中间的不要，宁可等着。他早早先来，要两边的，为了这一口的油水。

冬吃萝卜夏吃姜

冬吃萝卜夏吃姜（一）

谚语有："冬吃萝卜夏吃姜，不劳医生开药方。"还说"上床萝卜下床姜"，说的都是萝卜的好话。

气候适宜，萝卜一年里均可种植。中国多数地区是以秋季栽培为主。萝卜也成为秋、冬、春季老百姓的当家菜。

我对萝卜印象太深刻了，一是吃萝卜，二是刻萝卜花。小时候，那个年代吃油要油票，一个月每人半斤油。半斤油，根本不够吃。上顿熬萝卜，下顿玉米面萝卜团子，没有油的萝卜菜，很难吃，吃的是糠味。

萝卜的糠味并非一无是处——萝卜炖牛腩、萝卜烧羊肉、萝卜氽羊肉丸子。萝卜可以遮掩腥膻骚臭，似乎滋味能佳良起来。

上世纪七八十年代，中国餐馆刮起一阵风——菜里放萝卜花。那时候学雕萝卜花到了废寝忘食的程度。餐馆里谁雕的萝卜花好，谁就是好职工。北京饭店的王佳妮和丰泽园的陈爱武是先进厨师，他们的萝卜花雕得好。

萝卜的颜色是美的，吃萝卜也能吃出美感。春天吃樱桃小萝卜，大红色的皮儿，特喜庆。水灵灵的小萝卜连缨子一起蘸酱吃。就着馒头或者窝头吃，味道不一样，吃着也美。现在我也这样吃，今非昔比，现在吃的是滋味。江淮地区，杨树开花的时候，吃杨花萝卜，听名字就觉得阳光明媚。

春天吃炸酱面，咸香的酱，配着萝卜丝吃，清口，萝卜有芥辣的冲，炸酱面更有滋味。

五月份，萝卜糠心了。刻萝卜花，尤其刻月季、菊花之类，有花心的萝卜花，没有可能了。这时候萝卜是糠心大萝卜。

　　入秋开始种萝卜。两个月后，各种萝卜上市。冬天吃萝卜更有风味，咬一口，嘎嘣脆，殷红的色泽让人喜欢。吃过一种皮也是殷红的"紫美人萝卜"，又好看又好吃。心里美萝卜是绿皮的，汁多还甜。沙窝萝卜是里外一色的绿，如玉一般。

　　冬天卖萝卜的小贩，在萝卜摊上，放各种萝卜雕的花做招牌。冬天是雕萝卜花的好时候，有各种萝卜可雕。红皮白心的卜萝卜能雕马蹄莲、绿皮紫心的心里美雕出灿烂的蔷薇、天津青萝卜雕绿色的月季、胡萝卜雕小野菊花。

　　天津青萝卜又称卫青萝卜，是沙窝萝卜、田水堡萝卜、葛沽萝卜和灰堆萝卜的统称。细长圆筒形，皮翠绿色，尾端玉白色。这些萝卜能雕出牡丹花、大丽菊、墨菊，还能雕出各种鸟儿。孔雀开屏组雕是一只开满屏的孔雀和盛开的各种花儿，花团锦簇，姹紫嫣红，有春天气息。

　　冬天最有景儿的，是北京卖萝卜小贩的吆喝声，"萝卜赛梨——"，能听出萝卜的脆甜，像梨子一样。

　　冬天老百姓吃萝卜清肺火。吃一块凉凉的萝卜，觉得全身舒畅，嗓子说话都清灵灵的。

　　把萝卜头切下来，放碗里，浇上水，端到窗台上，慢慢长出萝卜缨。冬天没有绿色，萝卜缨成了老百姓家里的景儿。萝卜缨每天扒着窗户，迎着太阳，自自在在地开花。萝卜缨开花，开黄花，有淡淡的萝卜香，摘一朵插头上，鲜亮美人。

小

寒

萝卜去皮大煞风景

冬吃萝卜夏吃姜（二）

汪曾祺先生在《果蔬秋浓》一文中，说人民大会堂的厨师特别会动心思，给白天睡觉晚上开会的江青做宵夜，有时会有一碟去皮的凉拌小萝卜。江青说："小萝卜去皮，真是煞风景！"

我是赞同这话的，小萝卜去皮就是煞风景。从这句话看出，江青是懂吃的。吃萝卜吃皮，如吃鱼吃头吃尾，不一而论。

民间有话："烟台苹果莱阳梨，不如潍坊萝卜皮。"这话大会堂的厨师应该听过。萝卜皮好吃，每个人都有心中味儿。我家老父亲做萝卜皮，一腌二炝。一腌，是用花椒加少盐腌，有萝卜的辣也有花椒的清香。二炝是先用盐略腌，再热油炸辣椒，浇在萝卜皮上，辣椒是酥的，萝卜皮是脆的。还真没见哪个餐馆酒楼把它上了台面。萝卜皮都是老百姓家里吃，只是这吃太自在了。吃不着萝卜皮是领导的悲哀。当了领导很多吃食是不能享用了，比如羊肉串、糖葫芦。

北京挨着天津，吃萝卜吃天津的卫青萝卜。北京本地的萝卜大概是卞萝卜，没见哪个人生吃卞萝卜的。卞萝卜一般熬着吃，总是吃熬萝卜，吃得人心中厌恶。北京六必居有辣萝卜条，是用卞萝卜腌的。有甜又有辣，腌出来还是脆的，是最地道的北京小菜。看来，没有食材不好，只有会做不会做，或者因材施"做"。

说起萝卜条，最有名的应该数"萧山萝卜条"了。有一年在萧山"张生记大酒店"吃饭，是饭店老板请客，餐罢，老板问，这一餐哪道菜好，我如实回答，萝卜条。老板说，让大董说好不容易，每人送一箱萝卜条。

我们一行人一人一箱萝卜条提回北京。我觉得真是好吃，一连吃了一个多月。有一天早晨，我去办公室，吃着窝头就萧山萝卜条，被在办公室等我的美食家小宽看见，他大为惊讶。

萝卜菜点里，我最认为最精细的是"萝卜丝饼"。很多年前，我见过北京饭店面点师傅郭文斌先生做萝卜丝饼。

萝卜丝用擦子擦了，有两种方法拌馅，一生一熟。熟的方子是，萝卜焯水后过凉，攥干水。生的方子是，先用盐腌，腌出水后也要攥干水。都是大油、火腿末拌馅。

最绝的是和好的面，用油浸个一宿。揪剂子，擀薄。用手抻成再薄的片儿。透过这片儿能看见报纸的字。郭师傅抻的面片有一尺宽，五米长，晶莹剔透，薄如蝉翼。

后，用这薄片儿包萝卜馅儿，烤箱烤，也有炸的。食不厌精，脍不厌细，如此而已。

我小的时候吃过，大油渣子拌的萝卜馅团子。最得意的是吃了馅儿，把团子皮扔了。现在的美食家，也都是这样吃的。

人没有享不了的福，也能受任何罪。该讲究时就要讲究，该将就时候也要将就，这也要不逾矩。

萝卜不济长在坝（辈）上

冬吃萝卜夏吃姜（三）

"萝卜不济长在坝（辈）上"，这是老百姓的话，说萝卜太家常，确实不可小看。老百姓做饭会讨巧。各地物阜人丰，调味奇多，家家户户都有吃萝卜的好办法。

我们办公室有各地美女，说起萝卜，兴高采烈，把她们妈妈的手艺夸成了花儿。

一

哈尔滨大美女"心必女"说，哈尔滨的冬天是萝卜干和渍酸菜的颜色。可妈妈能把萝卜做得五颜六色。

炸素丸子是妈妈的拿手菜。家里擦子常备着。从屋外，拿颗青萝卜就擦丝。带着冰碴儿擦出的萝卜丝冒寒气。

擦成的萝卜丝儿和上面粉，加绿色的芫荽、红色的胡萝卜、黑色的木耳，加盐、葱姜、麻油，剁点海米碎，下锅一炸——焦黄焦黄的香。

素丸子有肉的香味。站在锅边等着，炸一个吃一个。妈妈宠我。

素丸子可以一切两半儿，用葱花炝锅，素丸子与白菜一起炒。素丸子可以当肉。

年夜饭里有山楂糕、心里美萝卜拌白砂糖，酸甜酸甜，好看，透心的凉爽。

过年炸素丸子要用坛子装。三十晚上，姥姥带着妈妈、姨妈们围着好看的围裙，准备年夜饭。放鞭炮的孩子们玩累了，回来在坛子里用手抓素萝卜丸子吃，边吃边跑，真是一幅热闹喜庆的年夜画。过了初三，这坛子素丸子开始烩菜，烩黄花菜、烩木耳、烩山蘑菇、烩大白菜，一盘子七荤八素，热热闹闹。

二

喜人儿的公司副总汤明姬说：深秋霜降后，红萝卜上市，家家户户腌萝卜干。红萝卜也叫"相思"萝卜，又叫"穿心红"。每个人的胃都是有记忆的，我的记忆里，最美好过瘾的是一面儿焦的死面饼夹萝卜干。

忘不了的是家的味道。每每母亲来北京，会带腌好的萝卜干。切小丁，用香菜、蒜花、辣椒、麻油、龙岗酱油拌。再烙上一锅一面焦黄的死面饼，哇咔咔，拿什么都不换！

三

紫薇店的总经理孙艳，来北京大董公司二十年了，四川广安老家的萝卜吃法，让她想起了故乡味儿。

入秋后，家家都做萝卜干咸菜、泡酸萝卜。这两样东西可以变出很多花样，做出各式菜。

做萝卜干咸菜，洗干净，切一厘米粗的块。晾晒四五天后，用水洗干净，挤干水分。放盐、白酒搅拌。也可放辣椒面和花椒面。拌好的萝卜干放入坛中压紧，封口用桐子树叶，叠成蒲扇盖上面。再用一些竹条别紧，防止萝卜松动。然后把坛子倒立，放阴凉地方，十几天后就可以吃了。

四川人家常用萝卜干、腊肉一起炒着吃。这些都是家常之菜。

四川人做泡菜，是随手的事。泡菜坛子能包容世界上所有的蔬菜，扔进去都是故事。一坛泡天下，居家味常有。

在广安老家，酸萝卜切小粒，浇红油辣子拌、早餐配粥、做家常酸菜鱼，人人都爱。做酸菜鱼有讲究：要泡了两年的老酸萝卜，切片，配上一起泡的仔姜。大油烧热，大勺豆瓣酱炝锅，和酸萝卜仔姜一起煸炒，放水及少许泡酸萝卜水——加酸萝卜水很重要呀。再加上鱼骨一起熬鱼汤。等汤熬成乳白色时，将浆好的鱼片，氽入汤中。开锅即可。烧好的鱼片连汤倒盘中，置上蒜蓉；用猪油炒花椒、干辣椒，出香后沏在鱼片上。

四

市场部经理四夕是内蒙古人，她说，过年吃饺子，吃滩羊馅儿的，配胡萝卜。阴山支脉辉腾锡勒北麓的察右中旗胡萝卜很甜，也脆。胡萝卜羊肉馅饺子要用胡麻油拌馅，这样做的饺子满口留香。

快过年了，女生们凑在一起，叽叽喳喳，整天都在欢乐地工作。一边欢乐一边工作，活儿一点没少干。欢乐里，年味儿越来越浓。其实只要我们心里有年，天天不都是过年吗？

杏汁佛跳墙

澳门福临门和香港福临门是一家。菜品不一样。澳门福临门的招牌菜是招牌乳猪和杏汁炖佛跳墙以及十五年陈皮红豆沙。

我们进门就看菜单，要吃的杏汁佛跳墙和红豆沙都在。心里就像哑巴吃凉柿子——踏实了。

头盘，酒醉番茄、香糟黄鱼、椒麻蛏子王。

可圈可点的是香糟黄鱼，黄鱼是一小圆球状，鱼皮晶莹剔透地在肉上顶着。好看。椒麻蛏子王的椒麻汁很地道，是用鲜花椒皮调的味儿，和北京大董家的椒麻牛肉手法一样。

一桌的朋友还有四川绵阳人邱伟师傅。好朋友好久没聚。邱伟是四川绵阳史正良大师的弟子。说起当年九寨沟还没有通高速，邱伟和史正良师傅，带我们去九寨沟。从成都到九寨沟要走一天的路。这些都是过去的故事了。

大家嚷嚷着要喝茅台。三天的行程，第一天就要嗨。人生一世，转瞬就到。能快乐就要快乐，能喝茅台，就喝茅台。

菜和气氛一样高。招牌乳猪，带猪饼、猪酱酸萝卜。乳猪皮麻麻渣渣，酥酥脆脆，猪皮绛红。服务生特意放了砂糖。猪皮配白糖，是我熟悉的味道。也有酱和黄瓜泡菜。猪皮上的气泡是烤乳猪的技术指标之一。这乳猪烤得好。

银河大老板九十多岁了，就爱吃佛跳墙。杏汁炖海鲜，别有滋味，甜香而鲜。潮州有杏汁猪肺汤。涂师傅把它改成杏汁佛跳墙。

这和传统佛跳墙不是一个概念，另辟蹊径，妙思巧用。

一般店做佛跳墙应该用干鲍，现在为降低价格改用鲜鲍鱼，品位就低了。澳门福临门的杏汁佛跳墙，我倒是认可用鲜鲍鱼，杏汁可配鲜鲍鱼，反而不能用干鲍鱼。杏汁是香艳而鲜。

杏汁用了两种杏仁，国产"南北杏仁"香而后口苦。美国"有衣龙王大杏"则甜而香润。两种杏仁按比例调配、互补。

广东人煲汤都要用南北杏仁。说是醒目润肺。

菜单还有"鲍汁山瑞裙边扣柚子皮"。涂师傅让服务生拿来给我们看。柚子还没有长肉，像大男人的拳头。柚子皮很粉。柚子皮入菜在广东是传统，可以和很多食材相辅，像佛手瓜焖柚子皮，柚子皮焖得多汁粉嫩。

有中文名的意大利餐厅总厨也来了，我问"What's your name?"，他掏出名片递给我，高雷雅，说是他的香港媳妇给他起的，(⊙o⊙)哇，这个名字用广东话说有意思。去年我们和他一起在意大利餐的亭苑吃饭。

菜单上还有清蒸珊瑚鱼，姜葱炒乳猪，虾松炒生菜。

八宝酿鸡翅，三个女生从嗓子里转了三圈发出一声嗲："哇哦～"

期待中，陈皮红豆沙上桌了。

陈皮红豆沙是澳门福临门的三大招牌，用正牌十五年陈皮小火熬日本红豆。红豆绒绒沙沙，陈皮味浓郁。

我们曾来向涂师傅学习陈皮红豆沙的方法。我们买的十五年陈皮，价高味淡。

价格里面有时间、经验、货品。主导价格最主要的因素是稀缺。稀缺什么，都会让你付出代价或成本。不太懂买陈皮时，被欺负了。生意场上，处处是坑。成功就是跳进一个坑里，再爬出来，再跳进去，再爬出来。最终爬出来的是成功。

澳门的海鲜粥

珠江顺流而下，入海口左香港，右澳门。飞机上看，江水和南海交界处泾渭分明。淡海水交接处，海产品资源十分丰富。每年十二月、五月、八月，水蟹、奄仔蟹黄满膏肥。

澳门有一名吃，海蟹粥。得天时地利，粥香味鲜，澳人及寻味人，争相尝之。

澳门百老汇美食街皇冠小馆老板郑冠之先生，中央四台正在播放的电视剧、任达华拍的《澳门人家》原型人物就是他，六十岁，看着像四十岁。

皇冠小馆有澳门最好的海鲜粥和虾子面。

郑先生卖的水蟹粥，是添加了膏蟹的海蟹粥，粥底用了上等瑶柱和腐竹，香滑鲜甜，透满了蟹黄的甘香。而最重要的，他选用的蟹都是新鲜上等货，所以造就了这窝的鲜甜味美的海蟹粥。

郑冠之的祖辈做手打面，他接过先辈的手艺，还在手工打面。

他用鹅蛋打面，不下碱水，打出来的面幼滑劲道。再加上一把好虾子，吃在嘴里鲜盈满口。

郑先生今年六十岁整，去年过完鼠年，精精神神，却有一些忧虑，就是现在年轻人不太愿意做餐饮，觉得这行太辛苦。他的这老辈传下来的手艺也面临失传的窘地。

现在熬蟹粥的蟹子是水蟹，肉不够厚。再过一个月，就是水蟹的丰盈期。郑老板熬的粥比别的铺子下料狠，用料也好。煮出来的粥里有很浓的蟹味。喝粥不要用小碗，吃着不过瘾。我们每人都是一大碗粥，真是过瘾。

粥一口一口地喝掉了，肚皮一点点地撑开了。吃来吃去都是和自己过不去。

银河庭园的艺术意大利餐

澳门银河庭园意大利餐厅，得过无数奖项，风韵犹存。

去年曾光临一次，印象颇佳。餐厅环境经典、传统。意大利菜由来自意大利本土的名厨烹饪。

餐厅外面的大玻璃房子，孤子在外。夜幕里花花世界灯光灿烂。

餐前面饼

意大利传统面饼，做法简单，放一点点盐、面粉，发酵，然后烤。

布袋起司沙拉和有机西红柿，油浸橄榄和罗勒

Salad of Burrata and Heirloom Tomatoes, Taggiasca Olives and Basil

这道菜是意大利有机西红柿，用罗勒香草酱加泡沫起司、黑色榛子、蒜一起打成的酱汁。上面撒上少许黑胡椒和罗勒叶，如果个人喜欢可以加点黑醋味，口感会更加丰富。

嫩煎北海道带子，宝塔菜花奶油，鲟鱼籽酱

Seared Hokkaido Sea Scallop, Romanesco Cream, Schrenckii Caviar

宝塔菜花奶油汤，嫩煎北海道带子，用宝塔菜花和奶油打出泡沫，口味香浓。

曼托瓦南瓜云吞，脆猪皮，烤榛子，澳洲黑松露

Tortelli of Mantova Pumpkin, Pork Crackling, Toasted Hazelnuts, Melanosporum Black Truffle

这是一道菜，意大利云吞，意大利盛产的南瓜蓉做馅，上面撒"牙碜"的脆猪皮粒、坚果榛子和秋季的黑松露，时令秋天，特色浓郁。

烤松鸡胸肉，紫色菜头，手选野生接骨木果

Pot Roasted Breast of Cairngorm Grouse, Gingerbread, Buttered Swede, Hand Picked Hedgerow Elderberries

这道菜是烤野生松鸡胸肉，配松江面包碎。大厨家乡的接骨木浆果和甜菜根和紫菜头做的烧烤酱汁，点缀黄色的木梨果酱。撒烤野生蘑菇碎。

这道菜色相和谐统一，接骨木浆果和甜菜头、紫菜头形成整体色彩的不同纯度明度。这种配色在色彩搭配学中，是一种最能出效果的色相相同法。艺术感很强，也赏心悦目。

利口甜点：红梅果酱，血橙，桔皮果脯

Pre Dessert: Cranberry Compote, Blood Orange, Candied Peel

血橙冰沙，配红莓果酱，果酱以橘皮果脯调味。这是甜点之前的一个利口甜点。这道甜点，色泽浓郁优雅。高纯度加灰成红梅果酱配纯度高挑的血橙冰霜，色相一致，视觉艳丽，奔放雅致。

这是一款小品，从中看出主厨的艺术品位。法国大厨作品中规中矩，如西方学院派绘画，有规矩有方圆，贵气沉闷。意大利菜艺术性强，奔放自然，明快洒脱。日本菜精致简约，竭尽匠工。如果给现代中餐定义，叫做，乱七八糟。

经典提拉米苏

Classic Tiramisu

这是一道经典的意大利甜品提拉米苏，中间是手指饼吸收意大利特浓咖啡和奶油起司与意大利泡沫咖啡，上面的是巧克力豆、食用金箔。现场手作提拉米苏，多汁饱满，绵软醇永。

这些年认识几个意大利厨师。这些厨师有的也只是受过一般职业教育。这些厨师的出品艺术性，和意大利其他奢侈品一样，有着某些神韵，具有一种美感。吃着好吃，看着舒畅。

期待中餐也是这个样子。

红树湾蚝爷的蚝

蚝，法国、加拿大有名品，这些蚝都是鲜活蚝。深圳"蚝爷"陈宗汉，做了从鲜到干的系列蚝。

曾经在澳门，林振国先生请在"协成火锅"吃捞，火锅煮各种海鲜、牛肉。美国鲜蚝有7、8厘米长，饱满肥大，印象深刻。

蚝爷老家汕尾红树湾，有传统生蚝养殖。这里的人，精神矍铄，长寿者众。小伙子强悍，姑娘漂亮，说和吃这里的蚝有关。蚝的微量元素多，尤其人体必须的微量元素，如锌、铁、硒等。

我吃了几年蚝爷的蚝。最早是在蚝爷深圳的餐厅。蚝爷的蚝，有他自己的特点。

蚝爷最早做蚝吧，干挺了几年，后来关门了。不是蚝爷做得不好，而是理念太前卫，领先市场一步。领先市场一步，对餐饮企业是危险和致命的。领先半步刚刚好。蚝爷是研究的专家。年轻头发黑时人称蚝哥，现在头发灰白，本应称叔时，却被朋友称为爷。蚝爷是中国蚝文化的领跑者，对传统晒蚝进行改良是其得意之作。

他将家乡传统的熟蚝晒制法，改为选用品质上好的生蚝直接晒制，这样风味更加浓郁，使家乡汕尾传统蚝干逐渐精致成为黑金蚝。

蚝爷的鲜蚝，个大肥美。我用涮食，一如澳门的协成火锅，个性突出。蚝爷的半干蚝，晒6-8小时，失水20%左右。比鲜蚝有明显的咬劲，鲜味更足，干香回甘。这种蚝用煎法，有大妙。其吃法独树一帜：和蘑菇同煎，效果甚好，再如和肥牛相扒，堪称绝配。肥牛五成熟，质嫩油香，同嚼一块煎得焦黄的半干蚝，鲜香肥美。可配一款老世界酒，或马爹利干邑，可体验餐酒间相互媚好。

蚝爷晒蚝，选用上好生蚝生晒。经过近五十次的翻晾，生蚝呈现黑金红。黑红油亮，闻之幽香。黑金蚝妙吃有多，最简洁吃用炙火。若如松露样，擦出蝉翼薄片，怕是妙得。

台湾有乌鱼子，尤其炙烤后，鲜艳干香，配白兰地或威士忌最好。甚如此吃，唯蚝爷的黑金蚝。

如法炮制蚝爷黑金蚝，可配黑鱼子，可配黑松露，可配鹅肝，如此美好者，只有想得到，没有做不到。

蚝爷已将黑金蚝做月饼，唯美之至。可以想象，月圆之时，持饼品茗，岁月静好，东坡更有问月佳句？

寒冬，震泽香青菜，鲜灵味美

寒冬腊月，北京还能吃到的时鲜菜，唯大白菜、萝卜。这几年物流发达，全国时令菜，在北京能应季吃。冬天，应季时令佳蔬，莫过武汉洪山菜薹和震泽香青菜。

这几天武汉的全国烹饪大师卢永良先生给我寄来洪山菜薹和腊肉，我上顿吃完下顿吃，还做了意境菜装盘，原来好味道是可以意境美好的。

入冬，万类霜天，时鲜凋零。震泽的香青菜，正鲜灵味美。震泽人好有口福。去年见苏州华永根先生，说起香青菜，先生说到时候给我寄来尝。今天收到华先生寄来的香青菜，吃在嘴里，想起那年在震泽第一次吃香青菜。

在震泽，无论是居家饭菜还是待客之宴必吃，饭桌上总有一盆香青菜。入冬，茂盛的香青菜，长在方圆不过十里家家户户的田地畦里。随时就可以揪几把儿，炒上一盆菜，在冬天里吃清新。说它是饭桌上必吃的一道佳蔬，因为香青菜对外来人，是新鲜物。人们每每尝到它，会对它的清雅滋味留下美好记忆，这成了震泽人的骄傲。我吃一口"香青菜"，被它独有的滋味所吸引。震泽人说，香青菜又叫"绣花锦"，是震泽独有的菜。香青菜叶片上有脉络，如苏绣针脚。霜降后，或经一场雪，香青菜味道真是好，它有一股萝卜缨的清香，又清淡许多。吃在嘴里还有个嚼头，让你吃了还想吃。

华先生特意在微信里说，年节里苏州吃青菜称安乐菜，祈福来年平安快乐、吉祥。常称道：杭州四季不断笋，苏州四季不断菜。

吃香青菜，意犹未尽，清新爽口，香美如初。震泽淳朴清新菜，苏州香美自然心。

餐饮营销第三波

餐饮营销的第三波来临。色彩是其表现形式。

"上海滩"位于国贸的餐厅开业了。和上海店设计异曲同工，融入一些北京元素，比如：蒙古包元素、明清色彩。大块纯色，大对比色。明快的线条，色彩冲撞。

餐桌在暗光下，大红、明蓝、亮黄、艳粉，绚丽夸张的色彩，强烈对比，新奇图案，标新立异造型，明朗亮眼的艺术气息构成性感、魅惑的波普风。

波普为 Popular 的缩写，意即流行艺术、通俗艺术。波普艺术主要方面是新时期艺术家将商业艺术和近现代艺术联合在一起的一种表达形式。

餐厅中，全开放的空间、浓烈的色彩、低明度烘托出低调"任性"的氛围，灰蓝色桌布、灰红色、灰绿色餐椅，花式陈列，创意十足，打破了千篇一律的"审美疲劳"。

大红大绿是明清建筑主要表现色彩。大对比的补色用起来，需要高手过招。用得好是时尚，是炫目。用不好就是红配绿赛狗屁，是广场舞大妈，是东北农村的大花棉被。

用绿色与红色区分了包间与散台区域。

清晰明快线条的重复之美。

红橙黄的类似色彩和谐过渡，三种几何图案重复叠加变换让狭小的空间有了神秘感。路过这里总是有小美女在这里拍照，因为纯粹的明度颜色，可以把女生衬映出性感、女神范。

所以，餐厅设计能把女生拍成女神已经是分享时代的重要设计元素，其中色彩又是重中之重。

选择爱马仕橙色作为餐具主色，用色温暖热烈出挑，黄中带红的橙色明度高，低调奢华，其用色之绝妙，不由赞叹。

绿底纹蓝边框，黑底纹蓝边框，橙底纹蓝边框，简单重复的图案有趣地、有节奏地在周围跳动。

2019 年 12 月 23 日，蒂芙尼位于上海香港广场旗舰店内的 Blue Box Cafe 正式对外开放，又在上海开了早餐和下午茶。蒂芙尼蓝这几年成为时尚雅致的代名词。

古驰全球首家 Full-Service 餐厅早在 2015 年就登陆上海，该餐厅位于上海环贸 iapm 内。1921GUCCI 餐厅的风格，延续了这个意大利奢侈品牌的一贯审美，GUCCI 标志性的暗铜金色和咖啡色为基调的装潢给人简约、低调的感觉。

餐厅设计对主题色彩设计成为第三波餐厅设计的首要内容。

消费升级，消费观念随之而变。消费者购买奢侈品，是对奢侈品牌代表的品牌品位的渴望。高端消费进入"后物质时代"，不只为了彰显地位而购买手袋、手表和豪车等奢侈品，也把钱花在精神层面上，比如美食、旅游、教育和医疗。

更有众多奢侈品消费者追求"丰富体验"，新型体验性奢侈正在兴起。人们在物质方面获得奢侈满足后，消费者对于独特、个性、高端体验正成为新消费需求。未来奢侈品通过餐饮满足消费者将成为一种趋势。

"上海滩"正是在这种趋势中，成为跨界餐饮的典型案例。

奢侈品跨界餐饮是其品牌灵魂与精神的生活化延伸。餐厅传递着品牌设计内涵，成为奢侈品牌彰显活力的承载体。因此，当消费者置身品牌餐饮店的精致环境时，享受美味，享受品牌带来的时尚气韵，彰显品位生活的快感。

中国烹饪大师李权超的盐焗鸡（一）

三十年前，鸡比猪肉还贵，在餐桌上是大菜。"三鲜汤"里有鸡芽子片的鸡片、海参片和冬笋片。

鸡菜在中餐里有多少菜品，很难说全。看过张大千自己手写的招待客人的菜单，每次宴会，有两道以上鸡的菜品：鸡油豌豆、葱油鸡、橙皮鸡、鸡蓉菽乳饼、鸡烧笋片、冬笋鸡、鸡翅、烩鸡腰、油淋鸡、火腿蒸鸡、姜汁鸡、家常鸡丁、鸡翅大乌、白切鸡、鸡油丝瓜、鸡翅乌参。

我和鸡的故事，一是学做"三鲜汤"，知道鸡芽子可以和海参一样是珍贵物。还有和唐鲁孙先生相隔数十年如出一辙的事。当年唐鲁孙坐快车，去南京。经过德州时，多半是晚饭前后，小贩所提油灯，灯光黯淡，每只扒鸡都用玻璃纸包好，只只都是肥大油润。等买了鸡，上车，撕开玻璃纸，才知道上当，可是车已开了。鸡被小贩掉了包，打开的油纸包里是乌鸦。

我有一年坐绿皮火车去上海，车到德州站停三分钟。车一停稳，我和一个同事下车争着付钱买鸡。我们拿着两只鸡，回到车厢，甫一坐定，打开的纸包里，一只鸡变成半只鸡和两个鸡头、三只鸡爪子。嘎嘎嘎，我们买鸡时，是当面包好，不知道啥时候给掉了包。

有一年德州扒鸡的董事长带着公司高管找我交流管理经验。中午吃饭，我忍不住把这个故事讲给他听。又说了一句笑话，你们德州扒鸡的故事有悠久传统啊，那个董事长尴尬地笑了一下。

现在好鸡很难吃到。这是指好的鸡种和好的烹调手艺。比如，广州南沙区的葵花鸡，鸡肥肉嫩鲜味足。浸熟的鸡晾凉后，皮下有晶莹剔透的鸡汁冻。鸡出名后，他就慢慢涨价。最终，价格涨得让我受不了了，就不卖了。

我吃过几次好鸡，在广州南沙"百万葵园"，谭先生教我们吃葵花鸡。按部位吃，喝鸡汁，看鸡汁凝结的啫喱冻。在上海邵忠餐厅，邵忠给我做他的拿手菜，盐焗鸡，当着面打开锅，鲜味出来了，口水也出来了。吃他焖的米饭，拌上鸡汁，吃了两碗饭。在别人的劝阻下，没吃第三碗。

前些日子，中国烹饪大师世餐联委员李权超师傅，给我做了一次他的拿手绝技"盐焗鸡"。味冠寰宇。（明天细说李权超的客家盐焗鸡）

鸡早就知道自己的身价是凤凰价，一是在夜总会里，一是在画家笔下。

我看过一篇文章，讲黄奎和齐白石各自画了一群鸡，竟都输给了徐悲鸿画的一只鸡。然而，江湖就是江湖，你站在高处，就会面临 PK 和被 PK，所谓的常胜将军是不存在的。这不，张大千画了一只鸡，徐悲鸿画了两只鸡，竟都输给了刘海粟画的两只炸毛鸡。

徐悲鸿的这幅作品拍出了四百三十多万的价格，和刘海粟画的两只炸毛的鸡相比，完败。我们一起来看刘海粟画的鸡：两只公鸡头部的毛炸起，很容易看出这是两只即将决斗的公鸡。这幅作品在 2013 年秋拍中，以一千多万的价格成交。

中国烹饪大师李权超的盐焗鸡（二）

盐焗鸡是客家的盐烹文化。梅州地区山高，水冷，瘴气重，对付这些恶劣的生存环境，食物的保鲜显得尤为重要。客家祖先在迁移过程中找到了盐烹的方法，对于肉类存放最为适合。家鸡的体型大小最适合整只盐腌和直接烹饪。盐焗的方法慢慢定型后，成为更有滋味的一种烹饪鸡的方法。柴火，土灶，炒粗盐，裹草纸，炒烫的盐堆，既是烹鸡的手段，又是唯一的味道来源，如此专一的结合，成就了无比纯粹的美味。

这些年尝过专艺人的盐焗鸡，"鲍鱼王子"麦广帆，不光鲍鱼做得好，烹饪盐焗鸡也是专家。我曾几次品尝麦王子的盐焗鸡，肉滑嫩，有奇香。在上海 Modern Art Kitchen 艺厨餐厅邵忠先生专做盐焗鸡给我吃。邵忠先生是美食世家，从小受家庭美食熏陶，对美食有深刻理解，对盐焗鸡有烹饪心得。

在众多盐焗鸡烹饪者中，有个李权超师傅，专门研究盐焗鸡十数年，津津乐道，解盐焗鸡烹饪细密隙小。原来，李权超师傅是广东梅县客家人，古法盐焗鸡传承人、上海环鲜阁海鲜火锅酒家品牌创始人，名厨大师。去年在珠穆朗玛峰（尼泊尔，南坡）6000 米的登山营地给一帮登山人做客家盐焗鸡吃。

李权超师傅和我说，盐焗鸡的形成与客家人的迁徙生活密切相关，是客家招牌菜式，盛味于广东深圳、惠州、东莞、河源、梅州等地。

盐焗鸡口味咸鲜香美。它的精髓在于"咸香"。盐焗鸡制作工序简单，做法天然，鸡味浓郁，食存便捷，原汁原味，美味健康。

客家人有一句古话：张伯姆个鸡，畏系畏转（张伯姆家养的鸡，自己早上会出去，晚上自己会回笼的）。农村客家人家里的鸡，不吃鸡饲料，只要是自由放养的鸡，都是好鸡。

张大千的粉蒸牛肉和刘小东的烤羊腿

四川内江人张大千曾说："以艺事而论，我善烹调，更在画艺之上。"

这话是能杀人的；最少也能羞死人。

好友徐悲鸿赞其"能调蜀味，兴酣高谈，往往入厨作美餐待客"。

看过张大千的菜单，丰富多彩，余味无穷。有万千滋味压身，也有一绝飨服人。

张大千的招牌是粉蒸牛肉，这道菜香浓软糯，且麻辣可口。据秘方所陈，先炒郫县豆瓣、花椒、辣椒面爆香，再以酥香炒米与腌制好的肋条肉和匀，小火慢蒸，出锅淋蒜泥红油、香菜末。

香浓粑酽，麻辣辛肥。川人川味，无以为右。

张大千常以画论吃，以吃论画，他将绘画的布局、色彩的运用以及画境的喻义都应用到烹制之中——纵然纸笔色墨尽皆相同，于能者手中才得出神入化。

张大千给四姨太过生日，吃牛肉面。据说牛肉有四大盆，两盆白切牛肉，一盆红烧牛肉，一盆清炖牛肉。青盆装宽面，黄盆装细面。一盘碧绿香菜，一盘红辣椒炒绿豆芽。再摆上一溜各色佐料：盐、胡椒、糖、酱油、辣油、面酱、豆豉等。

红黄绿青白黑，这样一碗色彩缤纷的牛肉面，像极了张大千的画。

除此，文人与吃不胜枚举。

王世襄先生有炸酱面。

王世襄之后，北京的一些文人都在家里以炸酱面待客。

美籍华人女作者聂华苓和她的丈夫保罗·安格尔来北京，指名要在汪曾祺家吃一顿饭，要由汪曾祺亲自做。汪先生其中做了一大碗煮干丝。

干丝有两味，一烫干丝，一煮干丝。烫干丝味要清纯，煮干丝则不妨浓厚。

汪先生煮干丝用小虾米吊汤，投干丝入锅，下火腿丝、鸡丝，煮至入味。那日，聂华苓吃得淋漓尽致，最后端起碗来把剩余的汤汁都喝了。

上海传媒大佬邵忠先生的奶白色鸭架冬瓜汤，让我自叹弗如。

名人因美食而成佳话，美食因为名人得以记录流传。

刘小东和喻红是中央美院大学同班同学。王小帅给他们做的结婚证婚。王小帅说他们的爱情似乎不需要维护，或者他们之间只需要空气。

我见过刘小东和喻红从前门家里走到大董工体店，一瓶红酒，一盘海参，一只烤鸭，看月亮。

他俩是我的老客人也是好朋友。去年夏天，刘小东在家里请我吃烤羊腿，着实把我惊着了。那一顿饭，在我心里植根，印证了大艺术家结缘美食，生活皆成情趣。

前日，受邀和刘小东夫妇再聚，还在他的家里。一起吃饭的还有王小帅夫妇、冯梦波先生。

王小帅和刘小东上大学就混在一起玩耍，语言嬉闹间充满了兄弟情深。

照例，刘小东做他的烤羊腿，我带几个拿手菜。先吃大董的菜，等他的烤羊腿。

大董菜是红花汁鳖肚公。这道菜是横菜。大美食家王仁兴先生给了肯定，说是"含浆滑美"。大家一边吃，不由赞叹。刘小东低着头一口，一勺，一口，一勺，不停气地把一盘红花汁吃了干净。盘子留下扒浓汁的痕迹，像是画画。

坐在旁边的王小帅，边吃边教育刘小东，说：美食要吃得优雅，慢慢的，一口一口品尝，还要吃几口，放在一边欣赏一下。再品一口酒，赞美几句，拿回来再吃。不可以像你这样狼吞虎咽。

王小帅只管说，刘小东只管吃。边吃边回应：咱们乡下人，嘴急，吃东西就这样，不停，不停，就不停。逗得大家笑作一团。

还有一道"椒麻雪花牛肉"上来时，我觉得配菜里的芒果球少，让厨师再加一点。

刘小东看着明亮亮的黄色芒果粒说，过多的芒果使得整盘菜明度有点高。一看配色就知道我们是同龄人。人超过五十岁视觉对灰度的敏感值会降低。当你总是强调用鲜艳的色彩提亮的时候，说明我们对于灰度已经不敏感。而年轻人正相反。

二十几岁孩子的色彩"灰度差"非常低，举例：他们之间已不能辨识出半岁的年龄差，比如，二十岁、二十一岁、二十二岁、二十二岁半，而我们只能说他们看起来很年轻。

我认为在菜品配色设计中，用鲜亮的色彩进行搭配，可以吸引眼球，诱发食欲。

刘小东认为设计菜品色彩应该追求自然色，就是食材成真的颜色。过高的明度和彩度会造成吃塑料的心理反应，而自然色彩会感觉安全、健康。当然没有高明度配色诱目。

如果用四季表现菜品色彩，春天和秋天最美。春天明快的绿色、黄色是蔬菜和果实的颜色。鱼和肉是秋天的自然色彩。烤鸭和充满锅气的菜品都是秋天色，是黄色向棕红色渐变，加入不同层次灰度的配色。这样的颜色是有食欲的。

刘小东的烤羊腿，在牛街一家老铺子订货。肥点，带皮。

去年吃刘小东的烤羊腿后，念叨了好长时间。他家饭桌就在厨房里。看着一只淡黄色羊腿在烤箱里慢慢变成棕红色。房间里有烧烤味道。透过烤箱的玻璃看着羊腿，间或冒出油来，也闻见焦糖甜美。

羊腿从烤箱取出的那一刻，我没有说话，因为含着口水呢。羊腿是大块大块分割的。每块带皮有油，瘦肉带着血丝。大口吃，肉嫩，还有些弹性。带皮，皮嚼有脆声；有肥，肥油裹着快感。

刘小东说，他做烤羊腿，只要老铺的；烤羊腿只放盐。这样吃羊，嫩鲜味足。

苏轼做东坡肉，不知是否亲自下厨。

真正的文人，必然是一个懂得生活的人，然后才是一个作家。唯有懂得欣赏琐碎生活中的意趣，乐于品味"绿蚁新焙酒"的风雅，才能从美食中体味生活的精髓。

小年吃饺子

腊月二十三，话说是"二十三，糖瓜粘"。日历标注是北方小年。进小年已是过年了。小年要吃饺子。

我包饺子，深得我父亲真传。父亲是天津人，天津人包饺子是水打馅。有一年我去天津我大妈家，进门看见大妈正剁肉馅，肉馅剁完，和馅儿，放姜末，调酱油、料酒、香油，加水，加盐，最后放韭菜。煤球炉子上，锅里水开着，一边包，一边吃。我吃第一锅。刚出锅的饺子，烫嘴，吸溜两下，再吃，一咬一流油。水打的馅儿馅鲜滋润，香得我差点哭出来，觉得只有我亲大妈才会给我包这么香的饺子。

狗不理包子是水打馅，据说是要煮湖鸭熬汤，汤要浓白，汤打馅就是水打馅。水打馅，馅润味鲜。有一年表哥带我去"狗不理"吃水打馅的包子，大厅里人很多，我们哥俩站在一个服务员备餐桌前，我一人吃了二斤包子。狗不理包子可以一口一个，一个包子没咽下去，又塞一个，像松鼠吃榛子。狗不理包子软塌塌的，水打馅的包子就不是一个肉丸了，香腻馅润。

北方人包饺子，天下第一，每家都有每家的包法，每人有自己的味道。开心汤汤说蚌埠吃饺子带汤还有煮汤圆；贴心艳艳说广安要带着红油吃；心必蕊蕊说哈尔滨一定要带芥末吃，没有芥末会急眼。如意希希说我们内蒙过年饺子里要包个硬币，谁吃到来年发财有福气。

油打馅的饺子，是一个肉丸的饺子。一咬一流油，吃着很过瘾，能吃得嘴油汪汪的。现在说，吃得很腻，不滋润。过去老百姓爱吃，主要饺子馅是肥肉，那时候缺油，一咬一流油是好饺子。有时候我也不想加水，想吃一个肉丸的饺子。我包饺子不由自主加汤，这是我爸爸包饺子的基因在起作用。包饺子加一点水，肉丸会滋润一些。我会少加水，我要吃一个肉丸、一咬一流油的饺子。

会包饺子，还要会煮饺子，煮饺子里面有学问：煮饺子的时候有个很专业的词儿，叫点水。点水要点凉水。

点热水饺子皮容易破，吃来也没有嚼头。点冷水减缓淀粉糊化，不会把面皮煮成糊糊，粘到锅底。

饺子说是在大年三十晚，除夕交子吃。民间春节吃饺子的习俗在明清时已有，相当盛行。饺子一般要在年三十晚上十二点以前包好，待到半夜子时吃，这时正是农历正月初一的伊始，吃饺子取"更岁交子"之意，"子"为"子时"，交与"饺"谐音，有"喜庆团圆"和"吉祥如意"的意思。

中国有饺子，外国也有饺子。意大利饺子是用鸡蛋和面，面硬硬的。关键意大利饺子不太讲究馅儿，比如不讲究打馅上劲儿，也不讲究打馅的顺序，好像把各种馅掺合一起，搅拌一下就可以了。意大利饺子馅是松散的。

南方人好像不吃饺子，我姐夫是广东人，不吃饺子。客家人吃饺子吧。当年从黄河流域往南迁徙，吃饺子的习惯应该保留下来。

秦始皇焚书坑儒，书界百家争鸣成为理想。餐饮界宽松，为吃饱肚子，绞尽脑汁，想尽办法，饺子做出不同样，百花齐放了。饺子虽小，一揽天下。一年的希望和美好都在一锅的饺子里。

都说好吃不如饺子，舒服不如倒着，这千真万确。

过年吃个无油水煮鱼

北京水煮鱼特火的那会儿，一哥请我去重庆吃水煮鱼。在重庆转了两天，也没去成水煮鱼的馆子。

回北京去机场半路上，停路边一农家院子里。院子穿堂过，从前门望过去，后院鲜亮的绿。

后院一畦莴苣，一畦小葱，一畦芫荽，一畦西红柿，套种着不少菜。番茄有的红了，有的还绿着。主人家把红的摘下来，洗洗，盛碗里端桌上，让大家吃。番茄味真鲜，带着田里泥土的味儿。等吃饭的当儿，大家在屋里嗑着瓜子，东拉西扯。

我印象里的重庆成都农村，鸡鸣桑树，稻菽千重。

到处勃勃生机，有滋有味有气息。

现捞的鱼，鲜灵，有点土腥味儿；现拔的莴苣，削去皮，切片，墨绿的芯儿，像吸足田地的气息，没见过这样的绿，像少儿画画，调重了色。

水煮鱼是一个搪瓷盆盛上来的。搪瓷盆掉了瓷，如五分钱硬币大，斑斑驳驳。怀疑是不是洗脸洗脚都用这个盆，试着问了，主人家倒是实在，说是。实话说了，倒踏实了。农村就是这样，入乡随俗，也就没啥好说的。倒觉得水煮鱼不用这个盆盛来，就不是正宗的味道。

水煮鱼是用农村的泡萝卜煮的。老萝卜棕黄色，说是泡了有五年。里面有醇和的酸。不是太辣，却很麻。我喜欢这个味道，吃得很过瘾，热气腾腾，头上直冒汗。麻辣和老萝卜的酸味绕梁三日，琅琅上口，余味袅袅。

这个味道一直萦绕心中。向川菜大师兰明路学习后，试着自己做。吃过的朋友大赞。当然我用的是野生的鳎目鱼，鱼更鲜嫩。

鳎目鱼去骨出片。鱼骨用大油煎后，放水，大火煮出鱼汤。

色拉油炒鲜花椒、青红椒，加入鱼汤；入味后捞出青红椒和花椒，留汤；加入盐、味精、白糖。

放莴笋片。浆好的鱼片，逐片放入烧开的汤中；鱼片熟后放入藤椒油、花椒油。

我做略微改动：鲜莴苣提前泡个十五分钟，有点酸味。吃在嘴里，又脆又有点酸爽。把红色的辣椒，都改成绿色，视觉上更清雅。

关键一点油都没有。有钱人家的年，菜里都少油。

过年了，大鱼大肉的。年年都是这样，改个吃法，也算是新年新气象。

吃富平柿饼，过如意春节

富平柿饼今年特别多。从元旦开始，陆续有朋友送来。今年富平柿饼火，大家喜欢。一，都想尝尝富平特产的味道。二，富平柿饼确实好。

有两个朋友送的柿饼好。一个是专门做食材的 @食節®丁玎，一个是富平柿饼的铁粉 @食尚小米。我特想知道他俩对富平柿饼的想法。

@食尚小米说：最近几年去日本，日本人很爱吃柿子，当盘饰或者甜品，甚至连柿子叶子也要珍惜。在奈良看小鹿的路口有一家用柿子叶做饭团的小馆子。日本餐食里常见柿饼，但就给那么一点点，配上冰淇淋或者奶酪。甜蜜柔软，有淡淡的果香。从来没有吃够过，甚至从吃饭开始就特别期待那点点的甜蜜。一直以为柿饼是日本特产。有一天，参观日本吉野市全球唯一的柿子博物馆，写着"世界上柿子的主产国为中国，柿子的优生区在富平"。原来最好的柿饼产自中国的富平。

2014 年冬天，专程去了四次陕西富平，看最好的富平牛心柿饼。

富平的柿饼好，要先说富平的牛心柿。成熟后晾晒的柿饼个个似"心"，肉红透明无籽，凝霜后、白里透红、皮脆柔软、清甜芳香。

采收后，将未软且没有损伤的柿果去皮，进行干燥。干燥方法有两种：一是日晒法，挂晒或平晒。

柿饼根据天气不同口感会有不同，这纯属靠天吃饭了。

富平不都有柿饼。只有富平的北部有，南部没有。北部土地是山坡，只能种柿子树，其他任何粮食和农作物都不适宜在这里生长。那年去的时候，依然有的地方连车都开不进去，山路又窄又陡，旁边有个十多米的悬崖，还有很多老人住的窑洞。

富平柿饼是大自然的馈赠。最好的柿饼在最冷的冬天。柿饼表面挂着厚厚的糖霜，这糖霜不是人工撒的糖粉，是从柿子当中析出的葡萄糖和果糖的凝结物。柿饼的糖粉遇冷就会形成一层柿霜，这个柿子霜是一种中药，有润肺止咳的功效。

除了空口吃，柿饼还能切开放冰淇淋，或者奶酪，我自己这样吃。

@食節®丁玎补充说：陕西富平大尖柿是柿子树中的优质品种，含14种营养物质和微量元素，其中每百克含钙量高达163毫克。其独有软糯溏心，颇有南方糯米汤圆之口感。

"食节"向来主张推行祖宗技法，摒弃现代食品加工工艺，以及外省串货。从削皮到潮霜，坚持十二道传统工序，还要根据当地温度、湿度，历时两个月上下方能成（现代食品加工烘干工艺制作而成的柿饼，大部分都是出口到日韩的）。

每人几乎都吃过柿饼，那是我们小时候的美好记忆。@食尚小米和@食節®丁玎的柿饼都软糯溏心，甘甜如饴。

柿饼有好口彩，事事如意，事事平安。

大

寒

春节说海参（一）

今天和师父王义均先生聚，请师父吃"董氏烧海参"。师父精神矍铄，说话底气十足，鹤发童颜。尤其那向上翘翘的长寿、幸福眉，谁看见谁喜庆。

师父看见上桌的大盘子董氏烧海参，笑呵呵说，好啊，这一大盘子海参，看着就得劲，心里踏实，这是横菜，高兴，过年就要吃大董的海参，真情实意。

鲍参翅肚燕，中国美食五大天王级食材。离老百姓最近的是海参。海参是个好食材，不含胆固醇，不含胆固醇，不含胆固醇，不由自主说了三遍，对于一个食物来讲不含胆固醇，是多么优秀的品质啊。多少人在不含胆固醇美食的路上，苦苦寻觅。

海参富含18种氨基酸、牛磺酸、多种矿物质及活性成分，提高记忆力、延缓性腺衰老，防止血管脆性。

海参中不含胆固醇，但含有丰富的优质蛋白质和无机盐，有助于调节人体脂质代谢，使机体脂肪含量明显下降；可降低机体胆固醇含量，能有效预防心血管疾病的发生。

海参排在"八珍"之首。八珍之席：海参席、鲍鱼席、鱼翅席，独立成席。翅参席、鲍参席、参肚席、参燕席，又以海参和八珍相辅成席。

春节初二走亲戚，全家人聚在一起。亲戚们也来了。七大姑八大姨可事多了，东家长西家短的，叽叽喳喳。桌上鸡鸭鱼肉全了，她们还是要挑眼的，这时端上一盆大董的葱烧海参，姨姑们嚷嚷着，这还差不多。

海参好啊，首要是美食，好吃第一；次要是面子，吃海参代表了身份，代表地位。就像当年的三十二条腿、四大件一样。别人家有的，咱家也要有，没有多丢面子。这些年年夜饭，初二家里聚，桌上都要有个海参，没有海参，这饭就差个意思，老爹老妈没面子。关键要让老妈在邻居面前说出来，昨天我家姑爷请我在大董吃的海参。我家姑爷是大经理，平时总是给我打包个海参。

海参好啊，但是做起来真难。做好海参，是餐饮界的哥德巴赫猜想。做海参有什么难的？难，难死了。

看看清朝美食大家袁枚是怎么说的海参："无味之物，沙多气腥，最难讨好。然天性浓重，断不可以清汤煨也。须检小刺参，先泡去沙泥，用肉汤滚泡三次，然后以鸡、肉两汁红煨极烂。辅佐则用香蕈、木耳，以其色黑相似也。"（海参是无味的东西，而且沙子多、有腥味，最难做出美味来。海参天生腥味浓重，千万不可用清汤来煮，必须选小刺参，先泡去沙泥，用肉汤焯三次，然后用鸡汤，肉汤红烧到极烂。辅料用香菇、木耳来配，因为它们都是相似的黑色。）

明天请看大董如何做海参。

春节说海参（二）

有朋友和我说，春节团圆饭一定要有大董伙食海参。我问他为啥这样说，客人说，第一，无与伦比的好吃，做海参谁家也比不上你家的；第二，既有面子性价比又超高。这话说得我很欣慰，也说到点上了。

昨天还看到一位厨师发给我的信息说："大师父好，董式烧海参真是一绝，吃起来葱香味浓，而且口感 Q 弹还软糯。很多人烧不好，入味难，入了味大海参变成了幼儿园小朋友的小鸡鸡了。"这也是厨师界对烧海参的真实体会。那大董家的海参为啥烧得如此好？无非是食材好和堪称绝活的入味方法。这和大董对海参刻骨铭心的了解有关。

回过头来再看袁枚说的"海参无味之物，沙多气腥，最难讨好"。这是对海参做的烹饪定义。如果体会了袁枚的这句话，烧海参就成功一半。

袁枚还有一句话呢，这句话是"有味者使之出，无味者使之入"。烹饪海参难就难在，它即是有味者也是无味者。既要使它的"气腥"味出来，又要让鲜美味进去，关键同时进同时出。领会此精神者，入道也。

如何入味呢，袁枚也说明白了："须检小刺参，先泡去沙泥，用肉汤滚泡三次，然后以鸡、肉两汁红煨极烂。辅佐则用香蕈、木耳，以其色黑相似也。"说实话，袁枚是个大美食家，但他不是烹饪家。如果我说这句话，还可以更精炼。就不再说了，再说就把绝招说出来了。

做海参有八个步骤。有一次我和陈丹青、黄磊吃饭。黄磊说起他做海参的体会，说他知道这八个步骤是什么。黄磊说出六个半，如此，他对烧海参是有研究的。

烧好海参，有一个步骤，海参要吃得足够多，当然是吃大董家的海参。多则生变，熟能生巧，多吃必解其味。

春节说海参（三）

梁实秋在他美食小品文里，写过海参的趣闻。说外国人不吃海参，却吃海参的肠子。这我有体会，2002年前后我去西班牙参加世界烹饪峰会，组委会要求我和西班牙名厨阿德里亚同台演示海参的烹饪方法。阿德里亚用一根硕大海参，只取海参的肠子，做一款沙拉。我用带去的海参，做了中国有名的葱烧海参。中西方在吃的方面，就不在一个生物链里。我们吃海参，他吃海参肠；我们吃煮得烂烂的牛肉，他们吃带血的牛肉。有些道理是讲不通的，也说不明白，那就各奔东西，各行其事最好。

海参做得好，最重要的是食材要好。世界各地海参，我认为最好的在日本北海道。我去过北海道，和渔民坐船出海，用拖网去捞海参。北海道的水，清澈见底，从船上看见海里的礁石、鱼虾贝类。北海道的海参是野生的。从鄂霍茨克海漂流过来的大冰块，携带着大量的藻类微生物，这为北海道海参提供了丰富的食料。北海道海参晒干后没有腥味儿，有一股淡淡的干贝鲜香，这和水质有绝对关系。北海道渔民对海参分级很严苛。稍微碰掉一点儿海参刺儿，就是残品。海参品级分为a、b、c三类，a级品不能掉一点刺。

日本产海参，日本人却不会吃海参。去过日本多少次，偶尔在日本的餐里见到过海参，是吃刺身，海参刺身，用水清洗后，直接切片。口感硬不愣登，蘸点儿酱油和山葵，没滋没味儿。

日本人不吃海参，也不大吃鲍鱼。中国人把鲍鱼看成中餐里面的神级食品，在日餐里却表现平平。鲍鱼是用清酒煮过，切成块儿和别的食物放在一起，并没有什么大显眼。

日本海参和鲍鱼都出口到中国大陆、香港、台湾。我不大明白，为什么他们晒制海参和鲍鱼的技术这样好，却没有形成吃鲍鱼海参的饮食习惯，这一点需要专家们做出说明。

中国大连棒槌岛、烟台长岛的海参，品种比日本海参还要好。现在大部分是人工养殖。人工养殖和野生海参有区别。人工养殖海参，有饲料添加，会污染海水。

有一年我去大连，找名厨韩吉光先生，让他带我出海看海参养殖。那天预报有海风，不应该出海，他硬着头皮带我去，怕我埋怨他，说他藏着掖着，不愿意带我去看海参。

我们坐机帆船，果然遇到了危险。下午 2 点从码头出发，突突突的，往深海里走。走了大约两个小时，海里起风了，风很大，浪也很大，浪一个接一个，有五六米高。铺天盖地把船头压下去。船上的人都吓坏了，我也吓得哆嗦成一团。船离岸两个多小时，如果出一点问题肯定回不来。机帆船是木头船，有一块船帮被海水打破了，海水涌进船舱，必须把船漏的地方堵住。这时候只有一个办法，就是用船上的棉被堵住破洞。海风很大，船不能转向，如果船转向，狂风会把船刮翻的。韩吉光先生是渔民出身，驶船经验非常丰富，他迎着风走。最后稳稳当当的，有惊无险地回来了，这是多少年前的故事。为了了解各地海参，找好的海参，这么多年中国养殖海参的地方、日本海参加工地我都去过。

中国海参和日本海参各有优势，现在海参加工简单了，从海里捕捞上来，用烘干房烘干。日本还保留了一部分自然晾干海参的方法。自然晾干和烘干的海参味道不一样。中国传统的海参加工方法是用草木灰"熟"。

这种方法在传统制皮业都使用，叫"熟"皮子。灰参裹了一层厚厚的草木灰，熟出来的干海参叫灰参，这样可以耐久地保存海参。再吃海参的时候，要用火把草木灰烧掉，再泡水，泡两三天的水，把草木灰刮掉。热水泡煮三四天就可以用肉汤烧海参了。

灰参的味道和烘干房烘制海参的味道不一样。灰参烧掉草木灰，会有一些更醇厚醇香的烟熏味道。

鲜海参切片吃刺身，拌酱油蘸点辣根儿。干海参吃法较多。社会上有一种小米儿炖海参，我是看不上这种吃法的，他们不会做入味的海参，所以就用这种方法卖海参。

多年前去上海，吃过虾子大乌参，一条硕大乌参，有一尺长趴在一个窝盘里。浓油赤酱，用虾子烧的。浓浓郁郁的香味，软烂适口，可以用勺抠着吃。这是乌参烧的，和灰参不是一个品种，细品会有一丝涩口。后来再去，吃不到了，现在好像没人做了。四川菜有官府菜，做家常臊子海参，现在也少有吃到。

过年吃"全家福"，全家幸福

过节了，给全国朋友拜年。怎么拜年呢，作个揖，鞠个躬，祝福全国朋友们全家安康，事业顺利，过年吃好喝好鸭。再和大家做个对联游戏，对得工整的，请吃大董。

上联：一锅涮天下，百味聚一锅。

我解释一下吧，一锅可以是任何菜品，如果是涮，只能是涮羊肉、麻辣火锅、广东打边炉。涮天下是两个意思，一是可以用任何食材涮，也可以涮任何食材。现在涮成了最大的美食业态，涮的上了市，涮出了国界，据说今年世界各地都风靡涮，这就是涮天下。这是好事。

接着的百味聚一锅，是对上一句的补充。但也有另外意思，是另外一道菜，这道菜就是"全家福"。全家福是各种食材聚合在一起炖制或蒸制而成，百味聚一锅。

这幅上联，还有一个要求，开句两个字是"一锅"，下一句结尾两个字还是"一锅"。

嘎嘎嘎。

过年吃年饭。年饭要好吃，菜名要有好彩头，比如，要吃鱼，喻"年年有余"；最好吃鲤鱼，还要做成糖醋鱼，菜名特别喜庆，叫"鲤鱼跳龙门"。要吃鸡，粤菜炸子鸡最好口彩，叫"当红炸子鸡"，应一年初始万象更新，大吉大利，开年红红火火。

年饭桌上要有"全家福"，全家福寓意全家幸福安康，顺顺利利，事业发达。全家福的食材可高可低。全家福是山东的叫法，福建叫"佛跳墙"，东北叫"乱炖"，满汉全席里也有一菜，叫"黄坛子"。

安徽菜里有三个类似的菜品：分别是胡适一品锅、李鸿章杂烩和乾隆一品锅。安徽菜讲究火功，善烹野味，量大油重，保持原汁原味，不少菜看都是取用木炭小火炖、烧、蒸而成，汤清味醇，原锅上席。

安徽菜善用炖烧蒸的烹饪方法，为李鸿章杂烩、胡适一品锅提供了烹饪条件。

有一年快过年了，沈宏非先生和洪瑞泽先生还有冯唐先生的太太黄山等，在安徽黄山给我过生日，一桌子菜里有"李鸿章杂烩"，一锅热气腾腾，暖暖烘烘。锅子里煮着海参、蛋饺、肉丸、火腿、冬笋、香菇、鸡肉。真是百味聚一锅啊。据说李鸿章杂烩有个洋名："Hotchpotch"，是个出口转内销的菜。

当年福建菜的"全家福"其实比较简单，就是猪肘炖火腿，顶多有个鸽子蛋，再下点山菌。后来"佛跳墙"的概念慢慢演化得越来越穷奢极欲，用横料，使老火。中餐最顶级食材全入其中，包罗万象，无奇不有。

这样的"佛跳墙"，并不好吃。我不能理解一些人，为啥以吃这些奇异怪味为荣，我想是虚荣，自以为是吧。

老百姓是吃不起的，也无需吃。老百姓有老百姓的乐，老百姓有老百姓的福，老百姓的福分，就是一家人过年在一起，吃个团圆饭，过个踏实年。

把好吃的食材放在一起，大家一起吃，这些有个性的食材相互将就又相互衬映。你好，我好，大家好，这就是全家福。

等玉兰花开

庚子春节赶上新冠肺炎疫情。天晦涩，心阴沉。初五有了阳光，大地明媚。

节过浑噩，在家写字，看苏东坡。"料峭春风吹酒醒，微冷，山头斜照却相迎。回首向来萧瑟处，归去，也无风雨也无晴。"

想起零三年非典，人心惶恐，百业萧条。餐饮业哀鸿一片。东三环整条街只有顺峰和大董家的餐厅还开着。我在餐厅门口，一人身兼多职，拉门领位帮助客人指挥泊车。

来的客人心无畏惧，愿意和我聊天。

站在领位台边看大街，像欣赏一部话剧。平时大街上，人来人往，车走车行，演各种鸡毛蒜皮的事儿。这天看大街，空荡荡，没了急匆而行的人，天深色蓝，云淡风清。

非典过去了，惶恐也慢慢过去，生活归于平淡。

没想到十七年后，一场新冠肺炎又突袭而来。这次，和上次一模一样。

几天没出屋，出来在南新仓院子走。寒树秃凉，老粮仓房顶瓦楞沟里积了银杏叶子，亮黄色，和灰色的屋顶分得清清楚楚。

春节一过，风转向了，已经有了暖。

春天最早的花应该是迎春和银翘。玉兰枝上临风，花苞还没返青，瑟瑟巍巍。

想玉兰花开的样子，紫色的，白色的。含苞待放时，花儿怒放时，凋零凄冷时，原来，一年一年的，花这样开，花这样落。我看花开花落，觉时间冷酷，无情无义，应花开有怜，花落有念。

还是学东坡吧，竹杖芒鞋轻胜马，谁怕？一蓑烟雨任平生。

增加免疫力，补充蛋白质，吃熬带鱼

零三年非典，钟南山和我说：预防非典，除了阻断传染，就是增加抵抗力和免疫力。

一个健康人，合理膳食，不挑食、不节食，是重要的。

人体新陈代谢活动，需要蛋白质、碳水化合物、脂肪等多种营养提供热量。现在疫情时期，就是使劲吃饭——吃饱了，免疫力就增强了。

吃鱼有营养而且健康，北方人大都爱吃炖鱼，尤爱带鱼、大小黄花鱼、平鱼。现在黄花鱼成了珍馐美味，平鱼名字变成鲳鱼。

北京炖鱼和天津炖鱼不一样：北京人将带鱼截二寸长断儿，直接炸，下葱姜大料花椒，酱油醋料酒，盖锅盖儿炖；上海的带鱼都是斜着切的，可能显着大。北方人炖带鱼，无论干炸还是熬炖清一色都是长方块。

天津人管炖叫熬（音"孬"）。听天津人说"熬鱼"就流口水："她二姐姐（jiě jiě），今儿尺骂（今儿吃嘛）？""孬鱼。"

我十五六岁时在天津表哥家，住过一个寒假。表哥家住西南城角，离南市不远。南市有卖海鱼的，表哥有时候会带我去，挑一些不知名的鱼，买回来熬着吃。

表哥熬鱼，去内脏洗干净，然后蘸面粉，煎；就着煎完鱼的热油，下大料和花椒，煎出香味；再下葱段、大蒜、姜片，也煸出香味；这时候把煎好的鱼，下锅，先烹大量的醋，醋用北京龙门米醋（谨防假冒），然后黄豆酱油，加料酒、水，盖盖儿。

咕嘟咕嘟的熬鱼味儿，是一股子醋香，后味才是鱼香。

天津人熬鱼当然用天津独流米醋好。我老家在天津静海，曾经从天津城里，骑六个小时自行车，去静海。途经独流。独流一带做独流米醋，闻见酸味，就知道快到静海了。

我在独流河里洗过澡，天热的时候，村里人都泡在河里。河水清澈，能看见一群一群麦穗鱼，也能看见鲫鱼。河边有老船倒扣，架子支着，盖了棚子罩着。说是防发大水。我喜欢郭小川《团泊洼的秋天》里的独流河，那是我小时候看到的景色：

> 矮小而年高的垂柳，用苍绿的叶子抚摸着快熟的庄稼；
> 密集的芦苇，细心地护卫着脚下偷偷开放的野花。
> 蝉声消退了，多嘴的麻雀已不在房顶上吱喳；
> 蛙声停息了，野性的独流减河也不再喧哗。
> 大雁即将南去，水上默默浮动着白净的野鸭；
> 秋凉刚刚在这里落脚，暑热还藏在好客的人家。
> 秋天的团泊洼啊，好象在香甜的梦中睡傻；
> 团泊洼的秋天啊，犹如少女一般羞羞答答。

后来听说，独流一带能仿做全国和世界各地的醋，知道老家也在造假，就不太喜欢说独流米醋了，就像不喜欢郭小川诗的下半段。

熬鱼只放一点点儿盐。宽汤的时候，咸淡觉得合适了，收汁的时候，就咸了。

熬鱼比炖鱼好吃。熬鱼因为蘸了面粉，带着味儿。也因为蘸了面粉，鱼也嫩。

带鱼、平鱼、大小黄花鱼是北方老百姓记忆中的年味儿，也是重要的蛋白质来源。

这几天闹疫情，多吃蛋白质，多吃熬鱼，尤其熬带鱼。这鱼朴实无华，老百姓居家过日子，有一口这味道，心里踏实。

春天的韭菜不臭人

悄无声息，一下了，大地亮鲜起来。原来下小雪了，它算是春雪了吧。这春雪可谓是今年的第一抹鲜。

温榆河水流淌起来，丰满欢快。春水鲜亮，河里的野鸭嘎嘎嘎叫着春。河畔的芦花驮着鲜明的春雪，点着头，似乎在说：春天真是鲜纯。

东坡言"春江水暖鸭先知"，应是此景。

全国有疫情，可瘟疫也掩不住春鲜。

大自然和人类从盘古开天，就这样扭转着。你怕他就强，古人如此乐观，何况在今天呢。

春天处处有鲜。南北朝时，文惠太子问周颙：食蔬，何胜？周颙说，"春初早韭，秋末晚菘"。

总觉得春天时鲜匮乏，才觉是缺少了感受春天的心。有春心，就是春味。

趁着早春，包个春韭饺子，那是没有再鲜的味儿了。老百姓说，春天的韭菜不臭人。春天事事物物都不臭人，也不愁人，只要你我都在。

再看这春雪，直如韩愈的诗："新年都未有芳华，二月初惊见草芽。白雪却嫌春色晚，故穿庭树作飞花。"

春饼、春卷儿和春段儿

　　明天立春,要吃春饼。春饼就是家常饼,只是在立春这天要隆重吃。春节吃,在农耕社会的中国,格外重视。大年三十包饺子,大年初一吃素饺子,破五吃饺子,正月十五吃元宵;南方吃汤圆,吃年糕。一切"黏"的吃食,都视作和"年"有关。各地有精美"黏"食。

　　过年时赶上立春,那就更要有寓意地吃。北方早春,老百姓可以在家里发春味儿。家家在屋里笼火,生煤球炉子,屋子里暖烘烘的。绿豆撒上温水,盖上布,就能发豆芽;大蒜用废弃的珠帘修成竹箑穿起来,一圈圈套在一起,泡在大碗里,过几天,嫩绿绿的蒜黄就冒出芽儿,用刀割了包饺子,饺子才香。蒜黄可以一茬茬地割,一春天都可以吃,没有韭黄的春天都不鲜。

　　春饼里放韭菜,那是在南方。北方立春时节还是冰天雪地。公元759年,四十八岁的杜甫,饱经丧乱,鬓发苍苍,百病缠身。他从洛阳返回华州,途经奉先,意外与一老友重逢,写下经典名篇《赠卫八处士》。名句"夜雨剪春韭,新炊间黄粱",应是仲春后,有春雨景色,在屋外田圃中。春韭味美,在北方,早春二月却不可得之。

　　吃春饼,要有酱肘。酱肘子可在酱肉铺子里买现成的,也可以自己家里酱。北京现在的老字号"天福号"的酱肘子,最地道,老汤老火,肘子味浓酥烂。清真馆子要数月盛斋和白魁老号。

　　春饼里还有黄菜。过去不能叫鸡蛋,叫摊黄菜。有卤粉丝,还有菠菜。

　　吃春饼,就在一个春字。春是盼头是希望,春是美好。吃春饼,叫咬春，吃了春饼，嘴里除却一冬寡味，嘴里有了鲜。吃春饼，春意盎然，人精神抖擞。

除了春饼，还有春卷、春段儿。春卷是更薄的面皮，南方也有用米粉皮子的。里面是肉丝或鸡丝、掐菜、春韭或有菠菜；调味放香油、盐、姜米儿。要多多放肥瘦肉丝，也有不放肉丝，放海米的。海米用温水泡开，切碎，其他相同，卷成比拇指粗的卷，炸。

春段是用鸡蛋，吊蛋皮子。裹春卷料，卷卷儿，蘸面包糠，也炸了吃。这种吃法，估计不是太传统。

过瘾吃春饼，荷叶饼卷酱肉；好吃为春段儿，皮酥宣酥宣的，味香菜嫩，这一般是吃讲究。

春天的味道一是鲜，一是雅。读东坡写春天的味道，味雅意逸。"蓼茸蒿笋试春盘，人间有味是清欢。"